▲名古曽の滝跡

旧嵯峨院庭園

▲滝石組（法金剛院庭園）

▼雨落ち石組（毛越寺庭園）

▲築山石組（毛越寺庭園）

▼滝石組（毛越寺庭園）

滝石組（観自在王院庭園）

古文書のウソを暴く

校合による「作庭記」の研究

波多野 寛 著

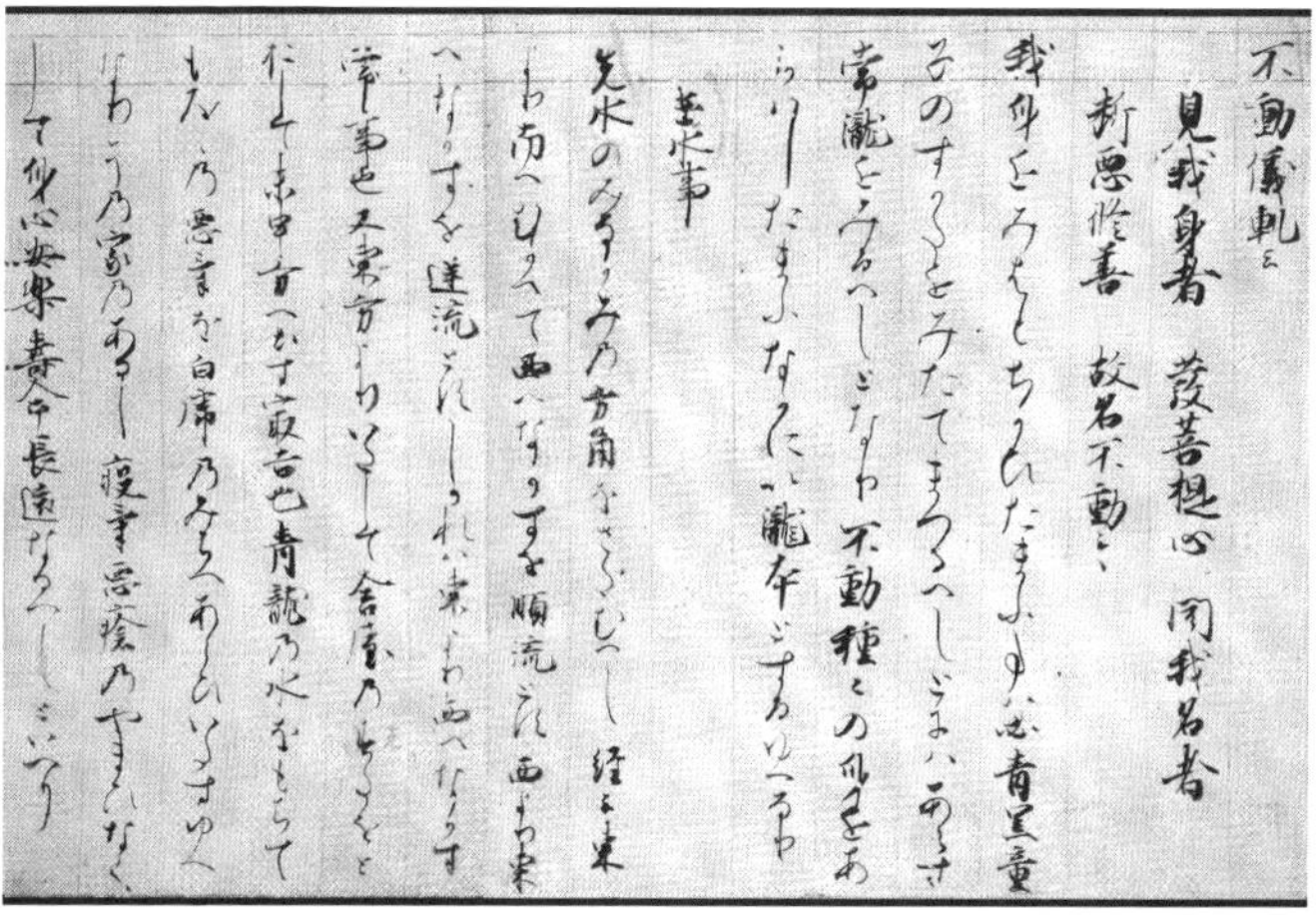

誠文堂新光社

まえがき

平安時代の京都は今に魁ける庭園都市で、寝殿造りと言われる貴族の住宅には多くの庭園が造られていた。しかし、それ等は悉く失われて現存するものは無い。またその遺構も、局部的なものを除き、ほとんど発掘されていない。従って、寝殿造りの庭の実体はよく分かっていない。

幸い、それを知り得る無二の資料として、『作庭記』と呼ばれる秘伝書が残されている。これは、王朝時代の貴族によって書かれたと思われるので、この時代の庭園を研究するには正に好個の文献と言える。その原本はまだ発見されていないが、同系統の写本が多く伝世している。『群書類従本』『谷村家本』『宮内庁書陵部本』『水戸彰考館本』などが一般に知られているが、その記述内容に関しては、これ等の書に大差はなく、誤写の範囲を越えてはいないように見える。そのため、書写年代の最も古く一時国宝に指定されていた『谷村家本』が、今では『作庭記』と同義のように思われている。

ところが、明治時代に、『山水抄』という異本のあることが小沢圭次郎氏によって報告され、昭和時代には、山門の無動寺に別の異本のあることが江上綏氏によって報告されている。この両書はあまり重要視されていないようで、その研究もさほど進んでいないが、このように『作庭記』に複数の異本が存在する以上、そのどれが正しい記述内容なのかを一度見極めておく必要がある。何故なら、その時それ以外のものは皆虚偽と認められるからだ。……本書は、これ等の異本を校合することによって、この疑問に答えを出そうとするものであり、延いては、『作庭記』の原本の復元に寄与しようとするものである。

校合による「作庭記」の研究　目次

第一部　『無動寺本』と『山水抄』の校合……6
『無動寺本』本文　7
論　考　24
第二部　『山水抄』と『谷村家本』の校合……39
『山水抄』（上）本文　39
『山水抄』（中）本文　64
『山水抄』（下）本文　85
論　考　107
第三部　『作庭記』をより深く理解するために……126
1 石を立てむ事先づ大旨を心得可き也　126
2 石を立つるには様々有る可し　138
3 島の姿の様々を言ふ事　143
4 滝を立つる次第　145

[5] 遣水の事 150
[6] 立石の口伝 156
[7] 石を立つるには多くの禁忌有り 158
[8] 樹の事 162
[9] 泉の事 165
[10] 雑の部 167

第四部 現存する平安時代の古庭園……168
旧嵯峨院庭園（京都市右京区） 168
法金剛院庭園（京都市右京区） 169
毛越寺庭園（岩手県平泉町） 170
観自在王院庭園（岩手県平泉町） 176

第五部 『作庭記』に使われている造園用語……179

カバー写真
表：毛越寺庭園（滝口から南大門跡を臨む）
裏：観自在王院庭園（滝口から阿弥陀堂跡を臨む）

一　『無動寺本』と『山水抄』の校合

『作庭記』の写本は『谷村家本』系統のものが広く知られているが、それとは少し内容の異なるものに『山水抄』と『無動寺本』[1]がある。前者は、「俊綱の日記」[2]を入手した或る人物が私見を交えてそれを再編したもので、その文中に「橘寺ハ既ニ六百余才ヲ経タリ」[3]とあることから、鎌倉時代初期の成立と見られている。後者は、旧無動寺に伝来する『祇園経山水並野形図』の中に「或書云」と題して収められているもので、その写書年代は寛保二年（一七四二）とされるが、これは、『作庭記』の一部を任意に抜き書きした抄本という特質を持っている。この二つの写本は、共に漢字と片仮名で書かれていて、同一の記述内容を多く有するが、また異なるものも少なからず有している。両書を校合しその相違を明らかにして、これ等がどういう関係にあるのかを見て行きたい。

　その前に、何を相違と見做すのかが問われるが、『作庭記』は純粋な造園書であり文芸作品ではないので、表記上の異同などについては不問に付することとする。例えば、使用文字の違い、誤字・脱字、或いは送り仮名の有無などは、逓伝の過程では起こり得ることなので、それ等を両書の根源的な相違と見做すことは出来ない。そこで、ここでは、文中に見受けられる動かしがたい記述内容の食い違いだけを、その相違と見做すこととする。本研究の目的は、各写本間の異同を照合してそれ等の新旧や相伝関係を類推することではなく、偏に、『作庭記』の原本を復元することのみにあるからだ。

校合に当たっては、『無動寺本』の全文を三十五条に分けて掲載し、これと校合する『山水抄』の異同は、記号を併用して右脇に示した。例えば、「可レ撰《択フベキ》也」とあれば「択フベキ也」と、「思合《フ》コト」とあれば「思合フコト」と書かれていることを表す。点線は、漢字の仮名への変換を意味し、例えば「チリ計モ」とあれば、『山水抄』（濁点のある片仮名表記）には「チリバカリモ」と書かれていることを表す。また（×）は、その文字が存在しないことを、（∴）は、虫損で判読不能なことを示す。なお、『無動寺本』を掲載するに当たっては、文末には一字分の余白を設け、旧漢字は常用漢字に改め、また誤植と思われるもの等は、その左脇に○印を付けて訂正した。

注(1) 本書では、すべて前著（『秘伝書を読む「作庭記」』）の『無動寺甲本』を指す。

(2) この時代の貴族の日記は、後日のために公的な行事などに関する事柄を記録・保存する為のものなので、これは、造園に関する見聞録のようなものと思われるが、それが橘 俊綱のものであるという根拠はどこにも示されていない。

(3) 『山水抄』の編者がいかに不誠実な人物であるのかは追い追い分かると思うが、この「六百余才」も虚偽でないという保証はない。因みに、推古天皇十四年（六〇六）創建の橘寺は、天武天皇九年（六八〇）を初めとして度々の回禄に見舞われ、永正三年（一五〇六）兵燹に罹って衰退している。

或書云（『無動寺本』）

1

一　滝立次第(1)　先(2)水落ノ石ヲ可レ撰《択フベキ》也　其水落ノ石ハ作石ノ如クニシテ(3)面ウルハシキハ興ナリ《無シ》　滝三四

尺ニモナリヌレハ《バ》山石《ノ》水落ウルハシクシテ面クセ《バ》ミタランヲ可用也　但水落ヨリ《ク》面クセハ《バ》ミタリト云トモ左右ノ腋《脇》石《(×)》ヲヨセ立《ン》ムニ思《フ》合コトナクハ無益ナリ《也》（『山水抄』41条・『谷村家本』217～225行目）

(AC)（1）『谷村家本』と同じ。『山水抄』は「立滝流水次第廿七箇条」と変えて中巻の見出しにしている。

（2）ここに脱文がある。「滝ヲ立ンニハ」（『山水抄』『谷村家本』）

(AC)（3）『谷村家本』と同じ。『山水抄』は「如ク」と省約している。

2

水落面(1)ヨクシチ《テ》左右ノ腋《脇》石思合《アヒ》ヌヘ《ベ》カラン石ヲ立オ《ヲ》ホセテチリ計モユカ《ガ》メス《ズ》根ヲカタメ《固》テ彼《後》左石《右》ノワキ《脇》石ヲ《バ》ヨセ立(2)　其左右ノ腋《脇》石ト水落ノ石ト《(×)》ノ間《ハ》何見《尺》何丈モアレ底ヨト《リ》頂ニ至ルマテ《デ》ハ《ニ》マ《ヲ》土タハ《ワ》ヤカニ打ナシテ厚《ク》ヌリアケ《塗上ゲ》テ後石マセニ(3)只ノ土ヲモ《(×)》ワリ入(4)テツキカタムヘ《ベ》キ也（41条・225～234行目）

(AC)（1）『谷村家本』と同じ。『山水抄』はこれを略している。

（2）ここで文が途切れている。「寄立《しむ》ベキ也」（『山水抄』『谷村家本』）

(AC)（3）『谷村家本』と同じ。『山水抄』は「石マゼニ」と改変している。

BC（4）『山水抄』（「割入テ」）と同じ。『谷村家本』は「いれて」。

3 其次右ノ《ニ(×)》方晴ナラン《バ(1)》左ノ方ノ腋石ノ上ニソヘテ石ノタチアカリタルヲタテ右ノ方ノ腋石ノ上ニ少シヒキニテ左ノ石ミユル程ニ立ヘシ　左《ノ》方晴ナラハ《バ(2)》次第ヲモテチカ《ガ》ヘテ《(×)》可レ立《立可シ》（42条・234～239行目）

（AC）（1）『谷村家本』とほぼ同じ。『山水抄』は「左ノ方ノ脇石ノ立揚リタルヲ右ノ方ノ脇石ヨリ少シ高クテ見エル様ニ立可シ」と改変している。

（2）ここに脱文がある。「前ノ次第」（『山水抄』）、「右の次第」（『谷村家本』）

4 サテ其上《カミザ》サマハ平ナル石ヲ少々タテワタス《立渡》ヘシ《ベ》　ソレモ偏ニ水ノ道ノ左右ニヤリ《遣》水ナト《ド》ノ如クタテ《立》タルハワロシ　只荒《忘ザ》サマニウチヽラシ《打散》テ水ヲ《モ》ソハ《側》ヘヤルマシ《ジ》キヤウ《様》ヲ思ハヘテ可立也　中石ノ半計《(1)バ許》引ヲトリ《ヒキ劣》タルヲヨセ《寄》テ立テモ《其》次々ハ其石ノコフ《(2)》ニシタカヒ《従》テ立クタス《下》ヘシ《可》　滝ノ前ハコトノ外ニヒロク《広》テ《(×)》中石スヘ石《(3)》ナト《ド》アマタアリ《有》テ水ヲ左右ヘ分流《チシ》タルカ《ガ》ワリナキ也　其次々ハヤリ《遣》水《ノ》儀式ナルヘシ《可》（42条・239～251行目）

（1）ここに長い脱文がある。「尾背《をせ》サシ出タル少々有ルベシ　次ニ《(×)》左右ノ脇石ノ前ニヨキ石ノ」（『山水抄』『谷村家本』）

（AB）（2）「コハン」（『山水抄』『谷村家本』）

（C）（3）『山水抄』『谷村家本』にはない。

5 滝ノ落様ハヤウ〳〵《様々》ニアリ《(×)有》人ノコノミニシタカフヘシ(1)（43条・251〜252行目）

BC　(1)『山水抄』（「従フ可シ」）と同じ。『谷村家本』は「よるへし」。

6 一　滝《ノ》水落ノハタハリ(2)不レ依《ド》二高下《ハ》一歟《ハ高下ニハヨラザルカ》　生得ノ滝ヲ見ルニ高キモ必ヒロカラスヒキナルモ必不レ狭(1)　只水落ノ石可レ依二寛狭一《ノ寛狭ニヨル可キ》也　滝ノトアラハニミヘ《見エ》ヌレハ《バ》アサマニミユル(3)事アリ《有》　滝ハ思《ヒ》カケヌ石《岩》ノハサマヨ(4)リ落タルヤウニミヘ《見エ》ヌレハ《バ》コクラク《グ》心ニクキ也　サレハ《バ》水ヲマカセカケテ(5)唯《ノド》ミユル(3)所ニハヨキ石ヲ水ノ《(×)》落《ノ》石ノ上ニアタル《当》所ニ立ツレハ《バ○》遠《ク》テハ石《岩》ノ中ヨリ出様《ルヤウ》ニミユル(3)也（56条・269〜283行目）

(AB)　(1)「高キ滝必シモ不広ヒキナル滝必シモ不狭」（『山水抄』『谷村家本』）

(2) ここに長い脱文がある。「但三四尺ノ滝ニ至リテハ二尺バカリ《余》ニハ不可過　ヒキナル滝ノ広キハ旁ノ難有リ　一ニハ滝ノ丈ヒキク見エ《にゆ》二ニハ井セキニマガフ三ニハ」（『山水抄』『谷村家本』）

(AC)　(3)『谷村家本』と同じ。『山水抄』は「見エル」に変えている。

(AB)　(4)「ハザマナド」（『山水抄』『谷村家本』）

(AB)　(5)「マケカケテ」（『山水抄』『谷村家本』）

7 一 島姿ノ様々ヲ云事「是(1)二十一種アリ」
山島野島森《杜》島磯島(2)雲形島霞島洲浜島片流島干潟島松皮等島(3)三羽島也（30条・169〜171行目）

(C)(1)『山水抄』『谷村家本』にはない。
(AB)(2)「雲形《霞形》洲浜形片流干潟松皮等ナリ」（『山水抄』『谷村家本』）
(C)(3)『山水抄』『谷村家本』にはない。

8 一 山島ハ(1)池ノ中ニ山ヲ築《ツキ》テ入チカ《ガ》ヘ〱高下ヲアラシメ《有》テ常盤木ヲシケク《茂》可レ植 前《ニハ》白浜ヲアラセ《有》テ
山キ《ギ》ハ並《ニ》(2)汀ニハ(×)石ヲ可レ立《也》（31条・172〜175行目）

(AC)(1)『谷村家本』と同じ。『山水抄』は「トハ」に変えている。
(AC)(2)『谷村家本』と同じ。『山水抄』は「水ギハ」に変えている。

9 一 野島ハ《トハ》(1)野筋ヲヒキチカヘ〱ヤリテ所々ニ(×)ヲシ《背》計指出《サシ》タル石ヲ立テ(×)其《ソレ》ヲタヨリトシテ秋草ナト《ナンド》
ヲウエテ《植ヱ》(2)其後々ニハ(3)苔 是《此》(4)モ前ハ白浜也（32条・176〜180行目）

AB(1)「引チガヘ引チガヘ野筋ヲ遣リテ」（『山水抄』『谷村家本』）

(AB)　(2)「ヒマヒマニハ」（『山水抄』『谷村家本』）

(3)ここで文が途切れている。「若ナドヲフスベキナリ」（『山水抄』『谷村家本』）

(AB)　(4)「前ニハ白浜ヲ有ラシムベシ」（『山水抄』『谷村家本』）

10

一　森《杜》島ハ只《唯》平地ニ樹ヲマ《バ》ハ《バ》ラニ植ナラヘ(1)下ヲスカシテ(2)木枯《根》ニトリツキ〱《取付取付》目ニタヽス程《ヌ》ノ石ヲ少々(3)立テ芝ヲフ《モ》セスナコ(4)ヲチ《モ》ラス也《ベキ》（33条・181〜184行目）

BC　(1)『山水抄』（「植ナラベテ」）と同じ。『谷村家本』は「うゑみてゝ」。

BC　(2)『山水抄』と同じ。『谷村家本』には、この前に「こしけきに」とある。

(AC)　(3)『谷村家本』と同じ。『山水抄』はこれを略している。

(AC)　(4)『谷村家本』と同じ。『山水抄』は「砂」に変えている。

11

一　磯島ハ立《トハ起》アカ《ガ》リタル石ヲ所々ニ立テ浪打(1)ノ石ヲアララカニタテ(2)其高石《キ》ノヒマ〱ニイトタカ《高》ヽラヌ松ヲ《ノ》(3)ヒカ子タルヤウニ可植《レ》（34条・185〜190行目）

(1)ここに脱文がある。「其石ノコハンニ随テ」（『山水抄』『谷村家本』）

(AB)　(2)「立ワタシテ」（『山水抄』『谷村家本』）

（AB）（3）意味不明に改変されている。『山水抄』『谷村家本』には、「オヒテスグリタル姿ナルガミドリフカキ所々《を》ニ《(×)》植ベキナリ」とある。

12 一 雲形《トハ》ハ雲ノ風ニ吹ナヒカサレテ(1)ソヒ《ビ》ケワタリタル姿ヲシテ(2)石モナクウヘキモナクテ(3)ヒタ白洲ニテアルヘ《ベ》シ（35条・191～193行目）

（AC）（1）『谷村家本』と同じ。『山水抄』は「吹ナガサレテ」。

（A·B·C）（2）「姿ニ」（『山水抄』）、「すかたにして」（『谷村家本』）

AC（3）『谷村家本』と同じ。『山水抄』は「石モ無クテ」と半分に省約している。

13 一 霞形《トハ》ハ池《ノ》面ヲ見渡セハ《バ》朝緑《アサミドリ》ノソラ《空》ニヤスミ《霞》ノ立ワタルカ《レガ》如《ク》シ二重《ネ》三重《ネ》ニモ入チカヘ《チガヒテ》(1)コヽカシコ(2)ニ切レワタリテ可見《見ユベキ也》「無(3)石木白浜也」（36条・194～198行目）

（1）ここに脱文がある。「細々ト」（『山水抄』『谷村家本』）

BC（2）『山水抄』（「切渡リテ」）と同じ。『谷村家本』は「たきれわたり」。

（AB）（3）「是モ石モ無ク樹《うゑき》モナキ白洲ナルベシ」（『山水抄』『谷村家本』）

14 一(1) 洲浜形ナレトモ或ハ引ノヘタルカ如ク或ハ洲浜形カト見ユレトモサスカニアラヌサマニミユヘシ 紺ノ文ノコトクナルハワロシ」「(2)サテ小松ナト少々アルヘシ」○(37条・199〜206行目)

(1)この条は、脱文と錯簡によってひどく歪められている。「一 洲浜形トハ如常 但コトウルハシク紺ノ文ナドノ如クナルハワロシ 同スハマ形ナレドモ或ハ引延或ハユガミ或ハ背ナカ合ニ打違ヘ或ハ洲浜ノ形ト見レドモサスガニアラヌサマニ見ユベキナリ」(『山水抄』)

BC (2)『山水抄』(「サテ小松少々有可シ」)とほぼ同じ。『谷村家本』は「これにすなこちらしたるうゑに小松なとの少々あるへきなり」。

15 一 片流様ハ《(×)トハ》トニアリ(1)無二(2)風流モ一ホソ《細》長ニ水ノ流落タル(3)可レ姿《姿ナルベシ》(38条・207〜208行目)

(AB) (1)意味不明。『山水抄』『谷村家本』には「トカク」《の》とある。

(AC) (2)「モ」はないが『谷村家本』と同じ。『山水抄』は「風情ナク」と改変している。

BC (3)『山水抄』(「流シ落チタル」)と同じ。『谷村家本』は「なかしをきたる」。

16 一 干潟様ハ《(×)トハ》塩メ《潮ノ》ヒアカ《干ガ》リタル跡《痕》ノ如クナカハ《半》アラハレナカハ《半》水ニヒタルカ如クニ《シ》テオノツ《ヅ》カラ石少ニ《少々》可レ見也《見ユベキ》 樹ハアル《有》ヘ《べ》カラス《ズ》○(39条・209〜212行目)

17 一 松皮様《(×)トハ》ハ松皮摺《マツカハズリ》ノ如ク(1)トカクチカ《ガ》ヘタル様ニ(2)テキレヌヘ《べ》キヤウニミ《見》ユル所アルヘ《べ》キ也　是ハ石樹アリテモナ《無》クテモ人ノ心ニ可任《マカスベシ》（40条・213〜216行目）

(AC)　(1)『谷村家本』と同じ。『山水抄』はこれを略す。

(AB)　(2)「タギレヌ」（『山水抄』『谷村家本』）

18 「一(1) 三羽島様ハカシハノハノ三サシ出タル三三所ニ木一本ツヽウユル也」（共に該当なし）

(C)　(1)この条は『山水抄』『谷村家本』にはない。

19 一 離《ハナレ》石ハ(1)荒磯ノ崎島崎ニ可立也　石《離》ノ根ニハ(2)水ノ上ヨリ不見程ニ大ナル石ヲ(3)二三ナラヘテ(4)掘居テ(5)其中ニ立テヽ《(×)》ツメ石ヲ(6)ツヨクカウヘシ（16条・75〜79行目）

BC　(1)『山水抄』と同じ。『谷村家本』は「あらいそにおき山のさき島のさきにたつへきとか」。

BC　(2)『山水抄』（「水ヨリ見エザル程ニ」）とほぼ同じ。『谷村家本』は「水のうへにみえぬほとに」。

(AB)　(3)改変されている。『山水抄』『谷村家本』は「両ツ番《(×)三》ツ三鼎ニ」。

BC (4)『山水抄』(「掘スヱテ」)と同じ。『谷村家本』は「ほりしつめて」。

(AC) (5)『谷村家本』と同じ。『山水抄』は「最中ニ」と改変している。

BC (6)文末は異なるが『山水抄』(「ツヨクカフベキナリ」)と同じ。『谷村家本』は「うちいるへし」。

20 凡滝ノ左右島崎《ノ》山ノ辺ノ外ハ高《キ》石ヲ立ル事マレ《希》ナルヘ《ベ》シ　中ニモ庭上ニ屋近ク三尺ニアマル(1)石《ヲ》不可立

(15条・69〜74行目)

(AB) (1)「余リヌル」(『山水抄』『谷村家本』)

21 一　池モナク遣水モナキ《無》所ニ石ヲ立《ル》事アリ《有》　是《ヲ》枯山水ト号ス(1)　其カラ山水ノヤウハ(2)片山ノ岸或ハ野筋ナト《ド》ヲ作出シテ(3)ソレ《其》ニトツキテ《取付》石ヲ立《可立》ヘキ也(17条・80〜83行目)

BC (1)『山水抄』(「号枯山水」)と同じ。『谷村家本』は「枯山水となつく」。

(AC) (2)『谷村家本』と同じ。『山水抄』は「其姿ハ」と改変している。

(A·B·C) (3)「作リテ」(『山水抄』)、「つくりいて丶」(『谷村家本』)

22 凡石ハ立《ツ》コト《事》スクナク《少》臥《ル》コトオヽカ(1)「コ(2)レロ伝也」(20条・97〜98行目)

（C）（1）ここで文が途切れている。「多カル可キナリ」（『山水抄』）、「おほし」（『谷村家本』）
（2）『山水抄』『谷村家本』にはない。

23　一(1)池並遣水ノ石立事《ヲル》一品ニアラス《非ズ》様々アル《有》ヘシ《可》　「(2)大海ノ様大河ノ様沼池ノ様葦手様等也」（21条・99〜101行目）

BC　（1）『山水抄』と同じ。『谷村家本』は「石をたつるにはやう〳〵あるへし」。
（AC）（2）「山河ノ様」が抜けているが『谷村家本』と同じ。『山水抄』は「大海山河沼池芦手等ノ様也」と改変している。

24　一(×)　大海ノヤウハ先《トハツ》荒磯ノアリサマヲ立ヘキ《可立》也　其アラ《荒》磯ハ岸ノホトリニハシタナクサキ出タル石ヲ立(1)テ汀《ヲ》ノトコ根ニナシテタチ《立》出タル石モ少々アルヘシ《べ》　是ハミナ《皆》浪ノキヒシク《厳敷》カクル所ニテ洗出セル姿ナルヘシ《可》　(3)洲崎白浜ミヘ《見》ワタリテ松ナント《ナド》アラ《有》シムヘシ《ベキナリ》（22条・102〜110行目）

（AB）（1）「石ドモ」（『山水抄』『谷村家本』）
（2）ここに脱文がある。「沖《あまた》サマヘ立ワタシテ離出タル石」（『山水抄』『谷村家本』）

（3）ここに脱文がある。「サテ所々ニ」（『山水抄』『谷村家本』）

25 一　大河ノ様ハソノ（×）《其》姿竜蛇ノミチヲユケル如クナル（1）ヘシ《可》　先（2）石立事《ヲル》ハ先（2）水ノナカレソムル所（3）ヲハシメ《始》トシテヲ《オ》モ石ノカトアル《ド有》ヲ一立《ツ》テ其石ノコハンヲ限トスヘシ《可》　其次々ヲ立下ヘ《スベ》キ事ハ（×）水ハ向方《フ》ヲクツス（4）物ナレハ《バ》可得其心（5）　ホソク《(6)細》水ノ（×）落イル（7）所ハ早《駛》ケレハ《バ》少シヒロマリ《キ広》ニナリテ水ノユキヨハル《行弱》所ニ白洲ヲ（8）ハヲク《バ置》也　中ノ（9）（×）石アラハレ《現》ヌレハ《バ》其石ノ下サマ《ザ》ニ洲ヲ直也《バ》（10）（23条・111〜129行目）

(AB)　（1）意味不明。『山水抄』『谷村家本』には「行ケル道ノ如ク」とある。

(AC)　（2）『山水抄』は、この二つの「先」を略す。

(AB)　（3）「曲レル所」（『山水抄』『谷村家本』）

BC　（4）『山水抄』（「崩ス」）と同じ。『谷村家本』は「つくす」。

(C)　（5）『山水抄』『谷村家本』にはなく、ここに長い脱文がある。「山モ岸モ保ツ事ナシ　其石ニ当リヌル水ハ其所ヨリ折撓《もしは》ミテ強ク行ケバ其末ヲ思ハ《へ》エテ又石ヲ可立也　其末々此心ヲ得テ次第々（×）々ニ風情ヲ替ヘツツ可立下也《たてくたすへし》　石ヲ立ン所々ノ遠近多少ハアリ《ところの》サマニ随ヒ当時ノ意巧《楽》ニ在《よ》ル可シ」（『山水抄』『谷村家本』）

（6）ここに脱文がある。「水ハ左右ツマリ《て》」（『山水抄』『谷村家本』）

(A·B·C)　（7）「落タル」（『山水抄』）、「おちくたる」（『谷村家本』）

(AC)　(8)『谷村家本』と同じ。『山水抄』は「白浜」と改変している。

(9)ここにも脱文がある。「中石ハ此《しか》ノ如《き》クナル所ニ置クベシ　イカニモ」(『山水抄』『谷村家本』)

(AB)　(10)「置クナルベシ」(『山水抄』『谷村家本』)

26　一　山河《ノ》様ハ石ヲシケク《繁》立トメコ〻(1)カシコニツタイ《伝ヒ石(×)》水ノ有ヘシ《ル可》　又水ノ中ニ石ヲ立テ左右ヘ水ヲ分ツ《チ》レ《バ》ハ其左右ノ汀ニ(2)ホリ《ハ掘》シツメ《沈》タル石ヲアラシム《有》ヘシ《ベ》　「是水断石等也」(3)　已上両《ノ》河様ハ遣水ニ用ル《可用》也　遣水ニ石(4)《モ》一ツヲ車一両《輌》ニツミ《積》ワツラウ《ヅ フ》程ナル石吉也(5)(24条・130～136行目)

(AB)　(1)意味不明。『山水抄』『谷村家本』には「立下シテ」とある。

(AC)　(2)『谷村家本』と同じ。『山水抄』は「水際」に変えている。

(C)　(3)『山水抄』『谷村家本』にはない。

(C)　(4)『山水抄』『谷村家本』にはない。

(AC)　(5)『谷村家本』と同じ。『山水抄』は「石ヲ立ツベキナリ」と改変している。

27　一　沼池ノ(×)様ハ石ヲ立《立石》事マレニ《ハ 希》シテ入江(1)ニアシ《芦》カツミアヤメカキツハタ《バ》ヤウノ水草(2)ヲアラシ《有》メテ取立タル島ナトハナク《ド 無》テ水ノ面ヲ眇々《(×)渺 渺》トミスヘキ《可見》也　水ノ(3)出入《ノ》所アルヘカラス《べ ズ》　水ヲハ《バ》(4)思ケカサル所ヨリ可入(5)

也　又水ノ面ヲタカク《高》ミ《見》スヘシ《ベキナリ》（25条・137～144行目）

（AC）（1）ここに脱文がある。「ココカシコノ」（『山水抄』『谷村家本』）

（2）『谷村家本』と同じ。『山水抄』は「等ノ草」と改変している。

（3）ここに脱文がある。「沼池ト云ハ溝小池等ノ入集ルナリ　然バ」（『山水抄』）、「□といふは溝の水の入集れるたまり水也　しかれは」（『谷村家本』）

（AB）（4）意味不明。『山水抄』『谷村家本』には「思懸ヌ所（×）」とある。

（5）『山水抄』『谷村家本』には、ここに「隠クシテ（×）」とある。

28　一　葦《芦》手様ハ山ナト《ド》タカ《高》ゝラス《ズ》シテ野筋ノスエ《ヱ》池ノ汀ナト《ド》ニ石ヲ少々(1)立テ其ワキ〳〵ニ小サゝ《笹》山スケ《菅》ヤウノ草少々(2)植《ウヱ》テ樹ニハ梅柳等ノタワ《ヲ》ヤカナルヲコノミ植ヘシ《可好植也》　惣《スベテ》此ヤウ《様》ハヒラ《平》ゝカナル石ヲ品文字等ニ(3)ヒキチカヘ〳〵(4)立（×）テワタシテ其《ソレ》ニ取ツキ《付》〳〵(5)イトタカ《高》ゝラスシ《ヌ》ケカラス(6)前裁《栽》ト《ド》モヲ可植《ウヱベキ》トカ（26条・145～152行目）

AB（1）「石処々ニ（×）」（『山水抄』『谷村家本』）

BC（2）『山水抄』と同じ。『谷村家本』にはない。

(AC) (3)『谷村家本』と同じ。『山水抄』はこれを略す。

(4)「ヒキカヘヒキカヘ」(『山水抄』)。『谷村家本』にはない。

(AC) (5)『谷村家本』と同じ。『山水抄』は、この送り字を略す。

(AC) (6)誤字はあるが『谷村家本』(「しけからぬ」)と同じ。『山水抄』はこれを略す。

29 石ノ様々ヲハ《バ》一筋ニモチ井《用井》立ヨトニ《(×)》ハアラス《ズ》　(1)野形池ノアリサマニシタカイ《随ヒ》テ一ツ池ニ彼是ノ様ヲ引合(2)テ可レ用事モアリ　池ノヒロ《広》キ所(3)々島ノ辺リ《ホト》ナト《ド》ニハ海ノヤウ《様》ヲマナヒ《学ビ》野スチ《筋》ノウヘ《上》(4)水ノ辺ニハ葦《芦》手ノ様ヲマヒ《学ビ》ヒテ《ナド》トシテ只ヨリクル(5)ニシタカヒテスル也　ヨクモシテ《知ラ》ヌ人ノ(6)イツレノ様ナト云事ハイトヲカシ

(27条・153〜161行目)

(A·B·C) (1)「其姿池ノアリサマ」(『山水抄』)、「池のすかた地のありさま」(『谷村家本』)

(AB) (2)「用ル事モ有ベシ」(『山水抄』『谷村家本』)

(C) (3)この送り字は『山水抄』『谷村家本』にはない。

BC (4)『山水抄』(「水ノホトリ」)と同じ。『谷村家本』にはない。

AB (5)「従フ也」(『山水抄』『谷村家本』)

BC (6)脱字はあるが『山水抄』(何ノヤウナド云ハ」)と同じ。『谷村家本』は「いつれのやうそなと丶ふは」。

30　一(1)精舎ヲ立テ殿舎ヲツクル《造》時其シヤウコンノタメニ《為其荘厳》山ヲ築《ツキ(×)》テ池ヲ掘リ石ヲ立(2)遣水ヲ流シ泉ヲホル事ハ(3)中天竺ヨリオロリ《起》唐土ヨリツタハリタル(5)也　須達精舎ヲ造テ釈《尺》尊ニタテマツリシ時八《ハ》大竜王来テ山水ヲナシテ山頂《(×)ノ》ヨリオトシ(6)精舎ノ東ヨリ南面(7)へ経ナカシ獣ノ口ヨリ土ヲ(8)各四方へナカシクタス事(9)四大河ノコト《ゴ》シ其精舎ノ前ニハ橋ヲワタセリ　是モ(10)祇《祇》園図経ニ見《エ》タリ（3条・12～13行目）

BC　(1)『山水抄』と同じ。『谷村家本』にはない。

(2)「水」、(3)「ホリナドスル事」、(4)「天竺」、(5)「伝ハレルナリ」、(6)「水ヲ落シ」、(7)「南ヲ経テ西へ廻シ」

（以上『山水抄』）

(8)『山水抄』にはない。

(9)「流出ス事」（『山水抄』）

(AC)　(10)『谷村家本』と同じ。『山水抄』は「委クハ」。

（注）この条は、『谷村家本』には「殿舎をつくるときその荘厳のために山をつきし　これも祇薗図経にみえたり」とのみある。

31　一遣水ノ事《(×)》　先水ノ上(1)ノ方角ヲ可定　経云東ヨリ南へ向《迎》ヘテ流(2)スヲ順流トス　西ヨリ東へナカス《ニ流》ヲ逆流

トス　然ハ《レバ》東ヨリ西ヘナカス《流》ハ常事也　又東(3)ヨリ出シテ舎屋ノ下ヲトヲシテ《通》未申ノ方ヘ出ス最吉也　以
青竜水《之》モロ〳〵ノ悪気ヲ白虎ノ道ヘ洗出ス故也　其家主無□気悪瘡ノ病《疫気悪瘡ノ病ナクシテ》身心安楽寿命長遠ナルヘシ《可》ト
云ヘリ（57条・328～336行目）

(AB)（1）「ミナカミ」（『山水抄』『谷村家本』）

(AB)（2）「西へ流ス」（『山水抄』『谷村家本』）

(AB)（3）「東方」（『山水抄』『谷村家本』）

32 又北ヨリ出シテモ東ヘ廻リ(1)南西ヘナカス《流》ヘ《可》キ也（58条・337～340行目）

(AB)（1）「マハ《わ》シテ」（『山水抄』『谷村家本』）

33 又北ヨリ出メ(注)南ヘ向ル《迎フ》説アリ「北(1)方ハ水也南方ハ火也　此隠ヲモテ陽ニ向ル和合ノ儀也　故ニ北ヨリ南ヘ向ヘテ流ス説其理ナカルヘキニアラス」（59条・342～346行目）

(AC)（1）『谷村家本』とほぼ同じ。『山水抄』は、これを削除して自説に替えている。

（注）「メ」は、「為」を省画した国字で、仮名書きの文中では「シテ」と読む。

34 一(1)水東ヘ流タル事ハ天王寺ノ亀井ノ水也　太子伝云青竜常ニ霊水ヲマモル(2)東ヘ流ル　此説ノコトク《如》ナラハ《バ》(3)逆水ノ水ナリトモ東方ニアラハ吉ナルヘシ（60条・347～350行目）

（AC）（1）「一」はないが『谷村家本』と同じ。『山水抄』は「一　東へ流シタル水ノ事」と変えて見出しにしている。

（AB）（2）意味不明。『山水抄』『谷村家本』には「青竜常ニマモル冷《れい》水」とある。

（AC）（3）『谷村家本』とほぼ同じ。『山水抄』は「東へ迎ヘタラバ逆流ナリトモ最吉也」と改変している。

35 但(1)諸水ノ(×)東ヘ流レタル事ハ仏法東《方》海《漸》ノ相ヲ顕《現》セルカヤ(2)　若其儀ナラハ《バ》人ノ居所ノ吉例ニハアラサ《ザ》ラン(3)歟「可(4)有思慮事也」（61条・351～359行目）

（1）この但し書きの前文が欠如している。

（AB）（2）「トカ」（『山水抄』『谷村家本』）

BC（3）『山水抄』と同じ。『谷村家本』は「あたらさらむか」。

（C）（4）『山水抄』『谷村家本』にはない。

準備が整ったので第一条から考察を始めるが、その前に、校合に使われている記号などについて簡単に説明をしておきたい。

注の上部に示したアルファベットは、「A」は『谷村家本』を、「B」は『山水抄』を、「C」は『無動寺本』を指し、この三書を校合した評価を示す。例えば「AC」とあれば、AとCの記述内容が一致しBとは異なることを、「C」とあれば、Cにだけ記述があってAとBにはないことを、「A·B·C」とあれば、三書の記述内容がそれぞれ異なることを表す。そのアルファベットに括弧の付されているものは、それが見かけ上の評価であって、故意の改変と思われる記述などを元に戻せばその相違が存在しないことを意味する。

なお、注における二書の校合は、上に示した書をその底本とした。従って、例えば第二条の注(2)は、『山水抄』には「寄立ベキ也」と、『谷村家本』（濁点のない平仮名表記）には「寄立しむへき也」と書かれていることを表す。

第一条

(1)は、『山水抄』では見出しにするために改変されている。(2)は、『無動寺本』にはここに脱文があるが、このような文章の不備は同書には数多くある。(3)は、『山水抄』では「如ク」と省約している。しかし、ここは、水をスムーズに落としたいからといって作石のように石の表面を滑らかに加工してはいけないという文意であり、これを省約すると、作石のような表面の滑らかな石は水落石として使ってはいけないと文意が変わってしまうことになる。このような異変をも顧みず訳もなく文を短く切り詰めようとする傾向は、『山水抄』では全編に亘って数多く見られるが、この傾向を、本書では「省約」と言い表すことにする。

1行目の「撰」と「択」、及び3行目の「腋石」と「脇石」は共に同意であり、また、同行の「ム」と「ン」も表記上の違いなので、これ等は考察の対象には入らない。その他、誤字や脱字も幾つかあるが、これ等も対象外なので、この条に、両書の相違を見出すことは出来ない。

第二条

(1)は、『山水抄』では省約されているが、水落と面《おもて》の両方が良いという文意なので、略すべきではない。(3)は、『山水抄』では「石マゼニ」と改変されているが、これが誤りであることは前著に示した。(4)は、『谷村家本』では簡略な表現に変えられている。

第三条

(1)は、『山水抄』では恣意的に改変されている。文頭の「其次ニ」というのは、水落石と左右の脇石とを組み終えたその次にという意味で、『山水抄』の編者は、左の脇石を何本組めば気が済むのだろうか。

第四条

(2)は、『山水抄』『谷村家本』には「コハン」とあり、第二十五条でも同様に読み下しているので、誤写と思われる。(3)の「スヘ石」は意味不明。次に「ナト」(等)とあるので、役石の名前を列挙する必要はなく、また、これが役石の名称とも思えないので、衍字と見るべきだろう。次の条は考察を省く。

第六条

(1)の文中にある二つの「モ」は、『山水抄』『谷村家本』の記述から「滝」の誤写と思われる。(「高キ滝○必ヒロカラスヒキナル滝○必不レ狭」）⑶は、『山水抄』ではこの条だけ「見エル」に変えられている。同条に三箇所あり、また、40・65・75・91条では変えられていないので、誤写ではない。⑷は、『山水抄』『谷村家本』には「ハザマナド」とあり、それと限定せずにぼかした言い方をしているので、脱字と見るべきだろう。⑸の「マカセカケテ」は、無理な表現で意味を為さない。『山水抄』『谷村家本』には「マケカケテ」とあるので、誤写だろう。

第七条

⑴は、『山水抄』『谷村家本』にはない。「三羽島」を追加すると十一種になるので、後補だろう。⑵は、それに合わせて、他の名称も皆「～島」に変えている。文末には不備があるが、これは、「松皮島　三羽島等也」と直したかったのだろう。⑶も、『山水抄』『谷村家本』にはない。後述の理由により、これも後補と思われる。

第八条

⑴は、『山水抄』では「杜島」を除くこれ以降の同箇所が、すべて「トハ」に変えられている。⑵も、『山水抄』では、ここだけ「水ギハ」に変えられている。（22・26・28条では変えられていない。）

第九条

⑴は、他の二書とは語順に相違が見られる。⑵は、どこを指すのか分からない。『山水抄』『谷村家本』には「ヒマヒマニハ」とあるので、誤写だろう。⑷は、無骨な表現に変えられているが、これは、種本に

不備があり、それを繕おうとしての改変と思われる。

第十条

⑶と⑷は、『山水抄』では「少々」が略され「スナコ」が「砂」に変えられているが、このような小さな改変は、同書では気儘に為されている。

第十一条

⑵は、「浪打の石」は一個の景石ではないので、脱字と思われる。　⑶は、種本の不備を想像で補おうとしたようだが、意味を為していない。

第十二条

⑴は、両書の間に相違が見られる。　⑵は、三者三様のように見えるが、『無動寺本』の「姿ヲシテ」は、「姿ニシテ」の誤写で、『山水抄』の「姿ニ」は、動詞が見当たらないので無理に省約したものと思われる。

⑶は、これも『山水抄』では後半が省約されている。

第十三条

⑴は、他の二書の記述から、ここに脱文があると分かる。この「細々ト」がないと、霞文様を思い浮かべるのは難しい。　⑶は、無骨な表現に変えられている。種本に不備があったようだ。次の条は考察を省く。

第十五条

⑴は、意味不明だが、『山水抄』『谷村家本』の記述から「トカクノ」の誤写と思われる。　⑵は、『山水

抄』では「風情ナク」と改変されているが、風情のない島なら造る意味がない。次の条も考察を省く。

第十七条

(1)は、『山水抄』ではこれが略されているが、そのため、その造形が摑み難くなっている。(2)は、『山水抄』『谷村家本』には「タギレヌ」とあるので、ここに脱字があるようだ。

第十八条

この「三羽島」という名称は、どの造園古書にも見られない。しかし、本文に柏の葉が三枚差し出たと書かれているので、これは、三葉柏文様を象った島のことと思われる。その図案は、柏の葉を三枚ミツバの葉のような形に組み合わせたもので、この文様は紋所として使用されていたという。ところで、紋所とは、分かり易く言えば家紋のことで、この家紋はある家に特定のものであり、それを他の家で勝手に使うことは憚られる。従って、この「三羽《みつば》（葉）島《じま》」は、通用性がないので「島の姿」の一形式としては成立しない。恐らく、誰かこの紋所の家と関係のある者が後で付け加えたのだろう。因みに、この紋所は公家の錦織家が使用していたようだ。

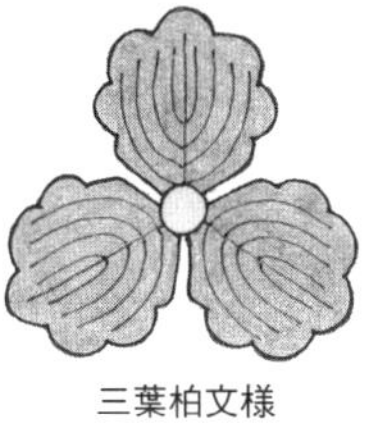
三葉柏文様

第十九条

(3)は、改変されているが、大きな石を三つ並べたその中に石を立てることは出来ない。『山水抄』『谷村家本』には「三鼎ニ」とあるので、これは、文の不備を想像で補ったものと思われる。(5)は、『山水抄』では「最中ニ」と改変されているが、三石によって限られた内側の空間全体を一石が独占するので、最中とか端とかいう区分はない。次の条は考察を省く。

第二十一条

⑵は、『山水抄』では「其姿ハ」と改変されているが、「枯山水」は姿形を持たない様式名称なので、これは誤り。⑶は、表記上の相違だが、三者三様の読み下しをしている。

第二十二条

⑵は、他の二書にはなく、また、これが口伝とも思えないので、衍文と考えられるが、或いは、この前に更に脱文があったのかも知れない。次の条は考察を省く。

第二十四条

⑴は、『山水抄』『谷村家本』には「石ドモ」とあり、一石だけで汀を床根に成すことは出来ないので、これは脱字だろう。

第二十五条

⑴は、「行《ケル》レ道《ヲ》如《ク》」と改変されているが、これは、「行《ケル》道《ノ》如《ク》」を読み誤ったようだ。⑵の二つの「先」は、『山水抄』では両方とも省略されているが、後のものは、流れてきた水が最初に曲がる所の意だから、これは略すべきではない。⑶も改変されているが、水が流れ始める所に特に石を組む必然性はない。種本の不備を想像で補おうとしたようだ。⑸は、他の二書にはない。この前に長い脱文があり、それを取り繕うために挿入されたようだ。⑹は、ここに脱文がある。そのため、この後に「水ノ」（他の二書には

ない）を補って文を整えようとしている。⑺は、『谷村家本』には「おちくたる」とあるので、「落下ル」の誤写だろう。『山水抄』の「落タル」は、脱字なのか省約なのかは分からない。⑻は、『山水抄』では「白浜」と改変されているが、川に浜はないので、これは誤り。⑽は、文末に不備があったようで、推量が断定に変えられている（「直」は「置」の誤写と思われる）。

第二十六条

⑴は、意味不明だが、『山水抄』『谷村家本』には「立下シテ」とあるので、「立下メ」の誤写だろう（33条の注参照）。⑵は、『山水抄』では「水際」と改変されている。⑶は、他の二書にはないので後補と思われるが、「伝石」は「水断石」とは言えない。⑷は、ここに「石」が補われているが、石が、一個の石を車一両に積み煩っている意とも取れるので、これは好ましくない。⑸は、『山水抄』では「吉《よき》」の意味を取り違えて、そういう石を立てろと改変されている。

第二十七条

⑵は、『山水抄』では、例を挙げて「水草」と限定しているにも拘わらず「等ノ草」と改変されている。⑷は、意味不明だが、『山水抄』『谷村家本』には「思懸ヌ所」とあるので、「思カケサル所」の誤写だろう（「自リ下不ル二思ヒ懸ケ一所上可キ二隠シ入ル一也」）。

第二十八条

⑴は、『山水抄』『谷村家本』には「石処々ニ」とあり、両書に相違が見られる。⑶は、『山水抄』では

省約されているが、一つの方法に限定されているのではないので、これは略すべきではない。(4)の「ヒキチガヘ」は、交差させるの意で文意に合わない。「ヒキカヘ」の誤写だろう。(5)と(6)は、『山水抄』では訳もなく略されている。

第二十九条

(1)は、『無動寺本』の「野形」『山水抄』の「其姿」共に意味不明。また、両書の「池ノアリサマ」も抽象的で意味不明。『谷村家本』には「池のすかた地のありさま」とあり、この「地」を「池」と読み誤ったために混乱が生じたようだ。(2)は、『山水抄』『谷村家本』には「用ル事モ有ベシ」(「可シレ有ル二用キル事モ一」)とあるので、読み下し方を間違えたのかも知れない。(3)は、ここに送り字があるが、「所」一字でそういう所を代表しているので、これは誤り。(5)は、『山水抄』『谷村家本』には「従フ也」とあり、両書に相違が見られる。

第三十条

(2)の「遣水」は、これが寝殿造りの庭ではなく異国の僧院の庭を話題にしているので、『山水抄』では「水」に変えられている。(3)は、『山水抄』には「ホリナドスル事」とあるが、例を五つも挙げた上でなお「ナドスル」と含みを持たせるのは少ししつこい感がある。あと残るのは木を植える事ぐらいだが、木は、精舎を造る前に既に植えられていた筈だ。依って、これも『山水抄』の改変と思われる。(4)は、『無動寺本』には「中天竺」と、『山水抄』には「天竺」とある。「中天竺」は、古代インドを五つの地域に分けた中央部に当たる一地方名で、言うまでもなく、ここに嘗て祇園精舎があった。『山水抄』は、「唐土」と国名を合わせるため、これを「天竺」に変えている。⑸は、単なる読み下しの問題で、内容の相違には当たらない（「自《リ》二唐土一伝《レル》《リタル》也」）。⑹は、『無動寺本』では、ここに「水ヲ」の落字があり、それを埋め合わせるため、⑻で「土ヲ」（「水」の誤写と思われる）と補っている。しかし、これは当を得た措置ではない。⑺は、意味不明に改変されている。目的語が見当たらず、同じ動詞が重複していて文の体を成していない。『山水抄』の記述の方が正しいだろう。⑼は、『山水抄』では「流出ス」に変えられているが、四大河のごとく見えるのは、獣の口から水を出すことではなく、山の頂から四方へ水を流し下すことなので、この改変は誤り。⑽の「是モ」は、『山水抄』では、この「モ」を列挙の意と取って「委クハ」と改変されている。しかし、これは類推の意とも考えられる。即ち、「こんなことも、庭づくりとは何の関係もない仏教の経典には書かれている」という意味。なお、この条は、種本そのものに既に脚色が加えられていたようだ。

第三十一条

⑴は、『山水抄』『谷村家本』には「ミナカミ」とあり、給水口の意で使われているので、脱字があるようだ。⑵は、『山水抄』『谷村家本』には「西へ流ス」とあり、南へ流したのでは逆流にはならないので、これも脱字のようだ。⑶は、『山水抄』『谷村家本』には「東方」とあり、「未申ノ方」と表現を合わせているので、これも脱字と見るべきだろう。

第三十二条

(1)は、『山水抄』『谷村家本』には「マハ《わ》シテ」とあるので、「廻シ」の誤写だろう。次の条は考察を省く。

第三十四条

(1)は、『山水抄』では見出しにするために改変されている。(2)は、意味不明だが、『山水抄』『谷村家本』には「青竜常ニマモル冷《れい》水」（「青竜常ニ護ル冷水」）とあるので、誤読のようだ（「青竜常ニ護ル二霊水ヲ一」）。(3)は、『山水抄』では虚偽の説が捏造されているが、逆流の水が最吉なら、それが順流とされる筈だ。

第三十五条

(2)の「カヤ」は、詠嘆を含む疑問を表すので、これは文意に合わない。『山水抄』『谷村家本』には「トカ」とあるので、誤写だろう。(4)は、他の二書にはない。しかし、前文の内容を受けた結語となっているので、種本にはあったのかも知れない。『山水抄』は、これを「此両所ノ例アナガチニ好ミ立可ラズ」と意味不明に改変し、『谷村家本』は、少し諄《くど》くなるので削除したようだ。

校合が一通り終了したので、その評価を概観するため表（次頁）に纏めてみた。ここに「BC」とあるのが、両書の記述内容の一致するもので、これは十九箇所あり、両書が近い関係にあることを窺わせる。これに対し、記述内容の異なるものは「AB」と「AC」の四箇所あるが、これ等については、なお検討の余地が残されているように思う。

9の⑴は、『無動寺本』には「野筋ヲヒキチカヘ〳〵ヤリテ」と、『山水抄』『谷村家本』には「引チガヘ引チガヘ野筋ヲ遣リテ」とある。前者は、プリミティブな表現で意味は分かり易いが、これは如何にも語調が悪い。『山水抄』も『谷村家本』も、推敲をして語順を変えたものと思われる。

BC	AB	AC	(C)
2⑷・5⑴・10⑴⑵・13⑵・14⑵・15⑶・19⑴⑵⑷⑹・21⑴・23⑴・25⑷・28⑵・29⑷⑹・30⑴・35⑶	9⑴・28⑴・29⑸	12⑴	4⑶・7⑴⑶・18⑴・22⑵・25⑸・26⑶⑷・29⑶・35⑷

12の⑴は、『無動寺本』『谷村家本』には「吹ナヒカサレテ」と、『山水抄』には「吹ナガサレテ」とある。「靡く」は、この場合不適切な表現なので、『山水抄』の編者はこれを訂正したようだ。『作庭記』の著者がこの誤りを見落としたのは迂闊と言うべきだろう。

28の⑴は、『無動寺本』には「石ヲ少々」と、『山水抄』『谷村家本』には「石処々ニ」とある。前者は、石を組む所々は既に示されているので、その数と勘違いをして誤記に至ったようだ。

29の⑸は、『無動寺本』には「シタカヒテスル也」と、『山水抄』『谷村家本』には「従フ也」とある。前者は、これもプリミティブな表現で意味は分かり易いが、これは如何にも表現が硬い。『山水抄』も『谷村家本』も、推敲をしてこれを改めたものと思われる。

以上のように、この四例も、よく見ると改変があるようなので、これ等も、見かけ上の評価と見做して括弧を付すべきだろう。また「(C)」とあるのは、『無動寺本』のみに記述の見られるもので、都合十箇所あるが、括弧が付されているように、これ等は皆後補と思われるものばかりのようだ。依って、如上の考察から、『無動寺本』の記述内容に特異性は認められず、これは、『山水抄』と同一の種本を基に構成されたものと考えられる。

では、この両書の間に直接的な相伝関係はあるのだろうか。あるとすれば、その記述内容は一致するので、前掲の評価表に「BC」とあるものを調べればそれが分かる筈だ。それ等をすべて検討して、事の真偽を糾してみよう。その前に、この考察では『谷村家本』との比較が重要になるが、その予備知識として次のことを指摘しておきたい。それは、『谷村家本』には他の二書にはない明らかな美点があるということ。即ち、この写本は、よく推敲されていて完成度が高く、しかも正確に書かれているということだ。これを念頭に置いて考察を始めよう。

2の(4)の「ワリ入テ」は、少しずつ入れての意で使われていると思われるが、『谷村家本』は、語調を考えて「いれて」に変えている。『作庭記』が、条文を暗記し易くするため語調に拘りを持っていることは前著に指摘しておいたが、そのため、ここでは意味を少し犠牲にした感がある。但し、秘伝書というものは、本来、免許皆伝を許された門弟のみに相伝されるものなので、この程度の瑕疵は何の障碍にもならないだろう。5の(1)の「シタカフヘシ」は、表現が硬く強制的にも聞こえるので、『谷村家本』は「よるへし」に変えている。10の(1)の「植ナラヘ」は、列植の意と取られるので、『谷村家本』は「うゑみて、」に変えている。10の(2)は、意味を補い語調を整えるため、『谷村家本』は、この前に「こしけきに」(「こしけくは」の誤りと思われる）を付け加えている。　13の⑵の「切レワタリテ」は、『谷村家本』は、語調を考えて「たきれわたり」に変えている。　14の⑵は、説明不足で分かり難いので、『谷村家本』は「これにすなこちらしたるうゑに小松なとの少々あるへきなり」と加筆している。　15の⑶の「流落タル」は、意味不明に読み下されている。『谷村家本』は「なかしをきたる」と訂正しているので、これが流水文様を象った島のことだと分かる。　19の⑴の「荒磯の崎」は、どこを指すのか分からない。『谷村家本』は、この一節を「あらいそにおき山のさき島のさきにたつへきとか」と補正している。　19の⑵の「水ノ上ヨリ不レ見程ニ」（「自リ二水ノ上一不ルレ見エ程ニ」）は、表現が少し硬いので、『谷村家本』は「水のうへにみえぬほとに」に変えている。　19の⑷の「掘居テ」は、根を深く入れる意を強調するため、『谷村家本』は「ほりしつめて」に変えている。　19の⑹の「ツヨクカウヘシ」は、表現が硬いので、『谷村家本』は「うちいるへし」と言い換えている。　21の⑴の「号ス」は、これも表現が硬いので、『谷村家本』は「なつく」に変えている。　23の⑴の「一品ニアラス」は、無用の修辞なので、『谷村家本』はこれを削除している。（同書には、このような無駄な語句はどこにも使われていない。）　25の⑷の「クッス」は、水がその流れて行く方角を崩すことは出来ないので、『谷村家本』は「つくす」と訂正している。　28の⑵の「少々」は、語調も悪く重複にもなるので、『谷村家本』はこれを削除している。　29の⑷の「水ノ辺」は、三度の重複を避ける為この後に「ナト」が略されているが、語調は特に悪くない。しかし、どこを指すのか分かり難いので、『谷村家本』はこれも削除したようだ。　29の⑹は、文法上の不備は無いようだが、意味を為していない。『谷村家本』は、文意を正確に把握して「いつれのやうそなと、ふは」と補正している。30の(1)は、『谷村家本』にはない。この条には事実誤認や脚色があるので、その大部分を割愛したようだ。35の(3)の「アラサラン歟」は、全くの間違いではないが、趣意を分かり易くするため、『谷村家本』は「あたらさらむか」と改めている。(『作庭記』は、文芸作品ではないがそれと見紛う程の格調を有している。それも、こうした推敲を重ねた成果と言えるだろう。)

如上の考察から、「BC」と評価されたものの殆どは『谷村家本』の方に改変があり、他の二書の記述は、共に種本をそのまま書き写したものと考えられる。但し、このうちの15の(3)・25の(4)・29の(6)の三例だけは、両書とも同様の誤った改変が為されていて、両書に何か関係のありそうなことを窺わせる。しかし、その何れも、文の趣意をよく理解した上で改変されたとは思えないので、これ等も、種本に既に誤りがあり、それをそのまま書き写したものと見るべきだろう。依って、両書の間に直接的な相伝関係は認められず、これ等は、やはり、同一の種本を基に構成された異なる写本と結論づけることが出来る。

※『或書云』の原本は存在しない。同系統の写本は幾つか有るようだが、山門の旧無動寺に伝来するものが、『美術研究』二五〇号(吉川弘文館)の中に活字化して収められている。古い冊子で入手は困難だが、首都近郊では、東京文化財研究所へ行けば閲覧が可能だ。

二　『山水抄』と『谷村家本』の校合

第一部の考察により、『無動寺本』と『山水抄』の関係が判明したので、次に、『山水抄』と『谷村家本』を校合し、その相違を明らかにして、これ等の三書がどういう関係にあるのかを見て行きたい。

『山水抄』は上・中・下の三部で構成されていて、それぞれの巻頭には「上　立石子細廿八箇条」「中　立滝流水次第廿七箇条」「下　立石口伝三十一箇条並前栽等事」という見出しが付けられている。条文の配列は『谷村家本』とは少し異なり、その中には、自説を述べたもの等も含まれている。本文を掲載するに当たっては、校合を容易にするため、その区切りを一部変更し、全文を125条に分割して、編者の付加と思われるもの等は削除した。なお、文中にある「堀」の字は、誤字なので、すべて「掘」に訂正しておいた。

『山水抄』（上）立石子細廿八箇条

1　「一(1)　立石事先須意得大旨也」地形ニヨリ池ノ寛狭(2)ニ随《したかひ》テ寄来《よれく》ル所々ニ風情ヲ廻シ心(3)ニ生得ノ山水ヲ思ハエテ所々(4)ハサコソ有リシカト思ヨセヨセ《おもひよせく》可立《たつへき》也

又昔ノ上手ノ立タル(5)アリサマヲアトトシテ家主ノ意趣ヲ心ニ懸《かけ》テ我風情ヲ廻シ(6)可立《たつへき》也「但(7)昔ノ上手ノ石ヲ立タル所所併失畢」

一又国々ノ名所ヲ思廻《おもひめぐら》シテ大姿(8)ヲ其《その》所々ニナズラヘテヤハラゲ立《たつ》ベキ也（『谷村家本』1～11行目）

(1)は、再読文字を使った漢文体（「一　石ヲ立テム事先ズ須《すべか》ラク大旨ヲ意得《こころう》ベキ也」）で書かれている。しかし、表現が少し硬いので、『谷村家本』は「石をたてん事まつ大旨をこゝろうへき也」とこの文字を削除している。(2)は、改変されている。池の寛狭に従って石を組みたいと思う所々が思い浮かぶ筈がない。『谷村家本』には「すかた」とある。(3)は、余計な語句が付け加えられている。生得の山水は心の中で思わえるのではない。(4)は、省約されているので、どこを指すのか分からない。『谷村家本』には「その所々」とある。(5)は、種本の儘かどうかは分からない。但し、『谷村家本』の「たてをきたる」の方が、意味も分かり易く語調も良い。(6)は、『谷村家本』には「めくらしてして」とあるが、これは衍字と思われる。(7)は、余計な一文が付け加えられている。昔の名人の造った作品が悉く失われて何処にもないのなら、それを手本にしろと言うのは不条理だ。編者の悪ふざけで、種本にある筈がない。（この「昔の上手の立て置きたる有様」が、『山水抄』の時代は疎か二十一世紀の今日までも存在し続けていることは、別の所に示した。）(8)は、ここに省略がある。「おもしろき所々をわかものになして」（『谷村家本』）これがないと、後の「其所々」がどこを指すのか分からない。

2

一(1)　成山水立石事(イ)ハ可有深心　以土為帝王以水為臣下　故《ゆへ》ニ水ハ土ノユルス所(2)ニハ行キ土ノ塞《ふさ》ク時ニハ

止マルト云ヘリ(3) 一云(※)(ロ)以水為臣下(4)(ハ)以石為補佐(5)(ニ)以山為帝王 故ニ《かるかゆへ》水ハ山ヲタヨリトシテ《は》順行《したかひゆ》ク者也 但山弱キ時ハ必ス水ニ崩サル 是則臣ノ帝《王》ヲヲ《お》カサン《む》事ヲ表スル《あらはせ》也 (6)帝王弱《(×)よ》ハシト云ハ《いふ》補《輔》佐ノ臣ノ(×)ナキ時也 故ニ《かるかゆへ》山ハ石ニヨテ《リ》全ク帝ハ臣ニヨテ《リ》保ツト云ヘリ (7)依之山水ヲ成シテハ必石ヲ立可クシテ久シカラシメンガ為メナリ(360～372行目)

(注)(イ)「山水をなして石をたつる事はふかきこゝろあるへし」、(ロ)「水をもて臣下とし」、(ハ)「石をもて輔佐の臣とす」、(ニ)「山をもて帝王とし」(以上『谷村家本』)

(1)は、『谷村家本』にはここに「或人云」とあるが、これは、次の文頭に来るものと思われる。(2)は、無分別に改変されている。『谷村家本』には「とき」とあり、後の「塞ク時」と対になっている。(3)は、誰が言っているのかその論拠が示されていない。『谷村家本』では、それが既に示されているので、この語句を欠く。(4)は、初出であるにも拘わらず、一部の語句が省約されている。『谷村家本』には「石をもて輔佐の臣とす」とある。(5)は、身分の高下が逆に改変されている。この語句は、『谷村家本』では※印の所にある。(6)は、『谷村家本』にはここに「山よはしといふはさゝへたる石のなき所也」とあるが、『山水抄』は、訳もなくこれを省略している。(7)は、恣意的に改変されているので、本条の趣意が分かり難くなっている。『谷村家本』には「このゆへに山水をなしては必石をたつへきとか」とある。

3 一　精舎ヲ立テ殿舎ヲ造ル時為其荘厳山ヲツキ池ヲホリ石ヲ立テ水ヲ流シ泉ヲホリナドスル事天竺ヨリ起リ唐土ヨリ伝ハレルナリ　須達精舎ヲ造テ尺尊ニタテマツリシ時ハ八大竜王来テ山水ヲナシ山ノ頂ヨリ水ヲ落シ精舎ノ東ヨリ南ヲ経テ西ヘ廻シケダモノノ口ヨリ各四方ヘ流出ス事四大河ノゴトシ　其精舎ノ前ニハ橋ヲワタセリ　委クハ祇園図経ニ見エタリ（12〜13行目・『無動寺本』30条）

この条は、『谷村家本』には「殿舎をつくるときその荘厳のために山をつきし　これも祇薗図経にみえたり」とのみあり、その大半は割愛されている。趣意不明のまま放置された唯一の未完の条で、ここに条文のあることだけを示している。恐らく、後でこれを完成させようとしたものと思われるが、その機会は終に訪れなかったようだ。

4 池ヲホリ石ヲ立ツベカン所ニハ地ヲ引テ水ヲ落シテミルニ水ノミナカミ下リテ水淀ミヌベクハ其用意ヲイタシテ後家ノ柱ヲ石スヱシヅムベキナリ(1)　其地形ヲ得タラン便リニ従ヒテ(2)庭ヲノコサンズル丈数ヲ定(3)メ山ヲツカンズル土代ノ程ヲノコシテ池ノ姿ヲバ絵図ニマカセテ(4)以糸裳ノ腰ヲ置クガゴトクニ其形ニ縄ヲ操置キテ其ママニ掘ル可キナリ　島必絵図ニ従ヒテサキノゴトク縄ヲ置キ廻シテカタクツケテ其形ニ残シ(5)

置ク可キナリ「次ニ池へ入水落池ノ尻ヲ出ス方角ヲ定ム可シ」(6)(14〜17行目)

(1)、冒頭に「池ヲホリ石ヲ立ツベカン所」とあるのは、造園工事現場のことで、ここに家の柱の礎を沈めたりはしない。また、礎を沈めるのは家を造る前の話であり、家が出来てから始める庭づくりとは何の関係もない。(2)には「便リニ従ヒテ」とあるが、地を引いて庭を平らに均してしまったなら、もうそこには何の便りも残されていない筈だ。(3)、南庭を残す丈数は、ここでは「其地形ヲ得タラン便リ」に従うと書かれているが、次の条では、この改変を忘れて、『谷村家本』と同じ標準(六七丈)が臆面もなく示されている。(4)、この時代、絵図(平面図)に任せて池を掘ったという話は寡聞にして知らない。また、そうする為には、一度縮尺したものをもう一度現寸に戻さなければ掘ることが出来ない。こんな二度手間な方法が採られていたとも思えない。(5)は、別の条には、島を初めからその姿に掘ってしまうと岸がふやけて組んだ石が保てないので大姿を取り置けと書かれているが、それに違背する。(6)は、前文との繋がりが希薄で、無理にくっ付けた感を否めない。

如上のように、本条は、嘘と矛盾で構成された格調のない拙劣な文章の寄せ集めで、どう贔屓目に見ても到底種本にある筈がない。これに当たる『谷村家本』の条には、「池をほり石をたてん所には先地形をみたてたよりにしたかひて池のすかたをほり島々をつくり池へいる水落ならひに池のしりをいたすへき方角をさたむへき也」とある。

5 庭(1)ハ階隠ノ柱(2)ヨリ池ノ汀ニ至ルマデ六七丈若クハ(×)内裏ノ(×)儀式ナラバ拝礼節会(3)ニ立ツ人下襲ノ裾濡ザラン程ヲハカラフ可キナリ　但シ(×)(4)一町ノ家ヲ造ンズルニ南面ニ池ヲホリテ庭ヲ八九丈置カバ池ノ心幾許ナラザラン歟　能々《よく〳〵》用意有ル可シ　堂社ナド《には》四五丈モ難アルベカラズ（17～23行目）

(1)は、短く改変されているので、何を主題にしているのか分からない。『谷村家本』には「南庭をゝく事は」とある。(2)は、『谷村家本』には「外のはしら」とあるが、どちらが種本の儘なのかは分からない。但し、『谷村家本』の方が語調は良い。(3)は、観念的な表現に改変されているので、広くするのか狭くするのかさえも分からない。『谷村家本』には「八九丈にもをよふへし　拝礼事用意あるへきゆへ也」とあり、その数値が前の「六七丈」と対比して示されている。(4)も、恣意的に改変されているが、今は一町の家を造ろうとしているのではない。また、池を掘ってから庭を置くのでもない。『谷村家本』には「一町の家の南面にいけをほらんに庭を八九丈をかは」とある。

6 又島ヲ置ク《を》事ハ所ノアリサマニ随テ《したかひ》池ノ(×)寛狭ニヨル可シ　可然《但　しかるへき》所ナラバ法トシテ島ノサキヲ寝殿ノ中央(1)ニアテテ島(2)ノ楽屋ノ幄ウタシムル事用意アルベシ　幄屋《楽》ハ七八丈ニモ(×)及《をよふ》事ナレバ島ハカマヘテ広ク置カ

マホシケレドモ池(×)ニヨルべキ事ナレバ引下《ひきさか》リタル小島(3)ナド置《をき》テ仮板敷ヲ布キ置ク可キナリ(4)　仮板敷ヲ布ク事ハ島ノ狭《せは》バキ故《ゆへ》ナリ　イカニモ幄(楽屋)ノ前ニハ(×)島ノ多ク見ユ可キナリ(也)　然レバ後ノ水ニカカランヲバカヘリミズ(5)幄ノ前ニ島ヲ多ク有ラシメンガ為メ後ノ不足ニ仮板敷ヲバ布ク可キトゾ承リ置キテ侍ル（24〜36行目）

(1)は、誤って改変されている。島の形は一様ではないので、その「サキ」を必ずしも中央に当てられるとは限らない。『谷村家本』には「なかは」とある。(2)は、改変により、島の先を寝殿の半ばに当てることと島の後方に楽屋を置くこととの相関関係が分からなくなっている。『谷村家本』には「うしろに楽屋あらしめんこと」とある。(3)が改変であることは前著に示した。『谷村家本』には「島」としか書かれていない。(4)も、改変されているが、これは、床板を必要な枚数だけ敷き並べるという意味なので、「しきつゝく」（『谷村家本』）とすべきだろう。『山水抄』の編者は、この仮板敷が何なのかを知らないようだ。(5)も、恣意的に改変されている。仮板敷を敷くのは、幄の前に島を多く存在させる為ではない。『谷村家本』には「そのところをゝきてふそくのところに」とある。

また、本条では同じものを指すのに三つの異なる言い方（楽屋ノ幄・幄屋・幄）がされているが、無用の混乱を引き起こす恐れがあるので、これは好ましくない。これ等は、『谷村家本』では皆「楽屋」と書かれている。なお、ここに「幄《あげばり》・幄屋《あくのや》」とあるのは、今日イベント等の際に臨時に設けて多目的に使用されるテント小屋の元祖とでも言うべきもので、舞楽がある時には、それが「楽屋」として使用された。（『年中行事絵巻』に描かれている楽屋は、「平張《ひらばり》」と呼ばれる簡略なもののようだ。）

7 又(1)反橋下ノ土ノ晴ノ方ヨリ見へ《みえ》タルハ(2)見苦キ事ナリ　シカレバ橋ノ下ニハ大ナル石ヲアマタ立ツ《たつる》可キナリ（36～38行目）

(1)には、その見苦しい対象が示されている。『谷村家本』には「そりはしのしたの」とあるが、語調が悪いので（「の」が四つ重なる）それを割愛したようだ。(2)は、『谷村家本』には「よにわろき」とあるが、どちらが種本の儘なのかは分からない。但し、『谷村家本』の方が語調は良い。

8 「(1)凡橋ハ筋違テ鷹ノ羽ヲウチワタシタル程ナラント見エタルガ面白キナリ」又(2)一説ニ島ヨリ橋ヲワタスコト正シク(×)(3)階隠ノ正方ニ不可向　(4)少シヒキ違ヘテ橋ノ東ノ柱ヲバ(×)階隠《橋かくし》ノ西ノ柱ニアツベキナリ（38～41行目）

(1)の文章は『谷村家本』にはない。一般に、寝殿造りの庭の反橋は一連のアーチ橋なので、橋をいくら筋違えても、鷹が羽（体幹の左右に二枚ある）を打ち渡したようには見えない。また、橋を筋違える理由もその為ではない。その上、文章も拙劣で、種本のままとは到底考えられない（僭越ながら、参考のために添削文を副えておく。「凡ソ橋ハ筋違ヘテ鷹ノ羽ヲ打チ渡シタルガ如ク見ユルガ面白キナリ」）。(2)は、前の文を付け加えた為に補ったもので、『谷村家本』にはない。(3)は、誤って改変されている。

『谷村家本』に「橋かくしの間の中心にあつへからす」とあり、これを言い換えようとしたものだが、『山水抄』の編者は、この「階隠《はしがくし》の間《ま》」が何なのかを知らないようだ。⑷も、誤って改変されている。しかし、ここには、それでは済ませられない重大な問題が潜んでいるように思う。本条の同箇所は、『谷村家本』には「すちかへて」（斜めにして）と書かれている。一つの橋を引き違わせる（交差させる）ことは出来ないので、『山水抄』の記述は誤りということになるが、国語辞典の普及していない往昔において、こういった紛らわしい言葉の意味の相違がそう厳格に認識されていたとは思えない。そこで、『山水抄』の編者は、それが間違っているかも知れないということを承知の上で、自著の特異性を際立たせるため、故意にこれを改変したのではないかという釈然としない疑惑が浮かび上がってくる。この一例のみを以ってその正否を判断することは出来ないが、もし、それが真実であるとすれば、同様の改変はこれ一つに止まらず、……いや、それが真実なら、『山水抄』には、このような卑劣な罠が全編に亘って張り廻らされているだろう。

9 「一⑴ 透渡殿ノ柱ノ石ズヱニハ未ダ柱立テザル前ニ山石ノ大ニシテ面白クカサアランヲスヱテ柱ヲワリナク切カケテ其副石ニハホト〃〃下桁ニヲチツク程ナラン石ヲ立テ尚ヲヒキナラン前石後石ヲモ立テシム可キ也」 「⑵古人申侍シハ透渡殿ヲ反ラス事ハ此家ヲ立ントテ地ヲ引ニ此所ニアタリテ本ヨリ引ノケベキ様ニ

モナキ石アリケルヲカ及バズシテ柱ヲ切懸ケ板敷ヲ揚ゲタリケルト思ボシフテ反ラスナリ」(43~45行目)

(1)、この前半の文章は全面的に改変されている。文中の「未ダ柱立テザル前ニ」は、如何にも間の抜けた修辞で、「大ニシテカサアラン石」「ホト〃〃下桁ニヲチック程ナラン石」とはどんな石なのか見当も付かない。また、鉢前の役石のような定形的な石の組み方もこの時代にはない。『谷村家本』には、「又透渡殿のはしらをはみしかくきりなしていかめしくおほきなる山石のかとあるをたてしむへきなり」としか書かれていない。(2)、この後半の文章は『谷村家本』にはない。これが捏造であることは前著に示したが、地中から現れた「引ノケベキ様ニモナキ石」に、副石や前石・後石などの飾りが付いている筈がない。

10 (1)一池ニハ当時水ヲマカセテミム《ん》事叶ヒガタクハ水計《はかり》ヲスヱシメテ釣殿ノ簀子《すのこ》ノ下桁ト水ノ面《おも》トノ間四五寸有ラン《む》程ヲ計ラヒテ所々ニ(2)ミギハ印ヲシテ(3)石ノ底へ入リ(×)テ水ニ隠レン程水ノ面《おもて》ヨリ(∴)出ン程ヲ(4)計ヒ《あひ》立ベキナリ(47~53行目)

(1)は、短く改変されているので、何を主題にしているのか分からない。『谷村家本』には「又池ならひに島の石をたてんには」とある。(2)は、『谷村家本』には「みきりしるし」とあるが、「汀」も「砌」も水際の意があるので、どちらが正しいのかは分からない。(3)も、短く改変されているので、どうすればよいのか分からない。『谷村家本』には「たておきて」とあるので、水際の所々に水位を示す杭のようなものを立てておくのだと分かる。(4)は、『谷村家本』には「はからひへきなり」とあるが、石の組み方を述べた文章なので、これは誤りと思われる。

11 池ノ石ハ底ヨリツヨクモタエタル(1)根石ツメ石ヲ(2)スヱ置キテ立上《たてあけ》ツレバ年ヲ経レドモ(3)倒崩ルル事ナシ　水ノ涸《ひ》タル時モ(4)湿ヒノ時ノ荒磯ノ如クニ見エテ面白キ也（53～57行目）

(1)は、『谷村家本』にはないが、詰石だけで池の中に組まれた大きな石をしっかり支えることは出来ないので、これは脱字と思われる。(2)は、『谷村家本』には「をきて」とあるが、その前に「ツヨクモタエタル」と書かれているので、『山水抄』の表現の方が適切だろう。(3)は、『谷村家本』に「くつれたふるゝ」とあり、これが普通の言い方なので、「倒レ崩レルル」と読むのだろう。(4)は、意味不明に改変されている。現代の造園関係者が「荒磯」を知らないことには驚かされるが、御多分に漏れず、『山水抄』の編者もそれをよく知らないようだ。『谷村家本』には「なをおもしろくみゆるなり」とある。

12 (×)一　島ヲ置《を》ク事モ始《はしめ》ヨリ(1)島ノ姿ニ切立《きりたて》テ掘置《ほりおき》ツレバ其《その》岸ニ切懸々々《きりかけ〱》立ル《たてつ》石《は》水マカセテ後其《その》岸程涸《ほとひ》テ立(×)テタル石ヲモ(×)保ツ事ナシ　唯大姿ヲ(2)残シ置キテ石ヲ立《たて》テ後次第ニ(3)土ヲバ島ノ(4)形ニ(5)キザミナシ底サマヲバ

切立切立土ヲ残シ置クベキ也「(6)是ヨウ可意得意得也」（57〜63行目）

(1)は、種本の儘かどうかは分からない。仮にある島を頭の中に思い描いて、その島の姿という意味なので、『谷村家本』には「そのすかた」と書かれている。(2)は、『谷村家本』には「とりおきて」とある。両者に意味上の違いはないが、『山水抄』の方は意味が分かり易く、『谷村家本』の方は語調が良い。(3)は、余計な語句が付け加えられている。島の形に刻み成すのは、土ではなく、大姿を取り置いた島だ。(4)は、『谷村家本』には「かたをには」とあるが、これは誤写と思われる。(5)は、恣意的に改変されている。こんな訳の分からない島の造成法は昔も今もない。『谷村家本』には「きさみなすへきなり」としか書かれていない。(6)は、余計な付加で、『谷村家本』にはない。

13

一《又》　池並遣水《ならひに》ノ尻ハ未申ノ方へ出《いた》スベシ　青竜ノ水ヲ白虎ノ方へ可出故《出すへきゆへ》ナリ（63〜65行目）

14

一《(×)》　池《(×)》ノ尻ノ水落《をち》ノ横石ハ釣殿ノ簀子ノ下桁ノ(1)下(2)ヨリ水ノ面《おも》ニ至ルマデ四五寸《四寸五寸》ヲツネニ有ラシメテ其《それ》ニ過《すきは》レバ流出《なかれいて》ンズル程ヲ計ラヒテ可居《居へキ》也（65〜69行目）

(1)は、『谷村家本』にはない。語調を考えて省略したのかも知れないが、あった方が分かり易い。(2)は、種本の儘かどうかは分からない。但し、『谷村家本』の「したは」の方が分かり易い。

15 凡滝ノ(∴)左右島ノサキ山ノホトリノ外ハ高キ石ヲ立《たつ》ル事希ナルベシ　ナカニモ庭上ニ屋近ク三尺ニ余リヌル石ヲ不可立《たつへからす》(1)○「犯之不吉也」（69〜74行目・20条）

(1)は、短く改変されている。石組に関する禁忌は数多くあるが、これが、「ナカニモ」と強調されていて重大なものであるにも拘わらず、この表現は余りにも弱すぎる。『谷村家本』には「これを丶かしつれはあるし居と丶まる事なくしてつひに荒廃の地となるへしといへり」とある。『無動寺本』は、この一節を欠く。

16 一（又） ハナレ石ハ荒磯ノサキ島崎ニ可立也(1)　離石ノ根ニハ水ヨリ見エザル程(2)ニ大《おほき》ナル石ヲ両ツ（×）番ツ（三）三鼎ニ掘スヱテ(3)最中ニ立《たて》テツメ石ヲツヨク(4)カフベキナリ(5)（75〜79行目・19条）

(1)は、『無動寺本』と同じなので、穜本にはそう書かれていたのかも知れない。しかし、荒磯に崎はないので、『谷村家本』は「あらいそにおき山のさき島のさきにたつへきとか」と補正している。なお、この文末は「とか」とあり、同系統の写本も皆そうなっているが、これは、不確実な伝聞を表すので、「なり」の誤写ではないかと思われる。(2)は、「ノ上」は略されているが『無動寺本』と同じ。しかし、不明瞭な表現なので、『谷村家本』は「水のうへにみえぬほとに」と変えている。(3)も、『無動寺本』

と同じ。『谷村家本』は、根を深く入れる意を強調して「ほりしつめて」に変えている。(4)は、改変されているが、これが誤りであることは前に示した。『谷村家本』『無動寺本』には「その中に」とある。(5)も、『無動寺本』と同じ。『谷村家本』は、「うちいるへし」と変えた為に、語調は良くなったが意味を少し犠牲にした感がある。

17

一 池モナク遣水モ無キ所ニ石ヲ立《たつ》ル事有リ 是ヲ(1)号枯山水 (2)其姿ハ片山ノ岸(×)或ハ野筋ナドヲ(3)作リテ其《それ》ニ(×)取付キテ石ヲ可立《たつる》也 (80～83行目・21条)

(1)は、『無動寺本』と同じ。『谷村家本』は、表現が少し硬いので「枯山水となつく」に変えている。(2)は、改変されているが、「枯山水」は姿形を持たない様式名称なので、これは誤り。『谷村家本』『無動寺本』には「その枯山水の様は」とある。(3)は、『谷村家本』には「つくりいて丶」と、『無動寺本』には「作出シテ」とあるので、省約されているようだ。この「作り出す」と言うのは、今までには無い何かを新たに造るという意味で、これが枯山水のアイデンティティーであり、それだからこそ、普段は只の脇役に過ぎない山や野筋などが、衣装(意匠)を変えて主役の座に躍り出ることが出来るのだ。

18

又>偏ニ山里ナドノ(1)如ク面白ク(2)見傚サント思ハバ(3)少シ高キ山ヲ屋近ク設ケテ>(4)石ヲ少々立下《たてくた》シテ此家《このいゑ》ヲ作ラ

ン《む》ト(5)山ヲ崩シ地ヲ引《ひき》ケル(6)時自ラ(7)掘顕シタリケル石ノ底深ク《き》トコナメニテ掘除《ほりの》ク可クモ無クテ(8)其石ノ上へ若シハ片角ナドニ束柱ヲモ(9)切懸タリケルカト思ボシク（83〜92行目）

(1)は、種本の儘なのかどうかは分からない。但し、『谷村家本』の「やうに」の方が表現は軟らかい。(2)は、意味不明に改変されている。何を面白く見働《?》そうと言うのだろうか。『谷村家本』には「せん」とある。 (3)は、余計な語句が付け加えられている。狭い庭園内では限度があるが、常滑の石をイメージさせる為には、山は出来るだけ大きくしなければならない。 (4)は、ここに省略がある。「その山のいたゝきよりすそさまへ」（『谷村家本』）これがないと、どこに石を立て下すのか分からない。 (5)は、誤って省約されている。山を崩して地を引いたなら、もうそこに「高キ山」は残っていない筈だ。『谷村家本』には「山のかたそわ」とある。 (6)も改変されている。最初は順調に地均しをしていたが、その内に、一つだけどうしても取り除けそうにない石にぶつかって途方に暮れる、というシナリオのニュアンスが抹殺されている。『谷村家本』には「あひた」とある。 (7)も、誤って改変されている。これは、自称ではなく他称の行為なので、『谷村家本』には「ほりあらはされたりける」と書かれている。 (8)は、プリミティブな表現だが、『谷村家本』は、これを「そのうゑもしは石のかたかとなんとに」と変えたようだ。しかし、これには意味の不明瞭さがやや残る。 (9)は、恣意的に改変されているので、その趣意が分からなくなっている。『谷村家本』には「きりかけたるていにすへきなり」とある。

19 又モノ《物》ヒトツニ取付々々《とりつき(×)》(1)小山ノスヱ樹ノモト(2)束柱ハシラノ角ナド《なむと》ニ石ヲ立《たつ》ル事有ルベシ　一(3)南庭ニ石ヲ立テ前栽(4)ヲウヱシムル事(5)階下ノ座ノコト可有用意《よういあるへきとか》（92～96行目）

(1)が改変であることは前著に示した。『谷村家本』には「小山のさき」とある。これも、第8条の解説に示した件の改変が疑われる。この種の改変は至る所にあると思われるが、それを疑い出したら切りがないだろう。(2)は、「束柱々ノ角」とも解せるが、普通、庭石を束柱の角々に組んだりはしない。『谷村家本』には「つかはしらのほとり」とある。(3)は、別の条に仕立てられているが、『谷村家本』では、これは「但庭のおもには」と前文の但し書きになっている。(4)は、これは人にさせる造園行為ではないので、『谷村家本』には「うへむこと」と書かれている。(5)は、改変されているので、何を言っているのか分からない。『谷村家本』には「階下の座なとしかむこと」とある。

20 (1)凡石ハ立ツ《る》事少ク《はすくな》臥ルコト《は》(2)多カル可キナリ（97～98行目・22条）

(1)は、『無動寺本』と同じ。『谷村家本』は「すへて」に変えている。(2)は、『無動寺本』には「オ、カ（以下欠文）」とあるので、『谷村家本』の「おほし　しかれとも石ふせとはいはさるか」は加筆のようだ。

21 一(1)池並遣水ノ石ヲ立ル事ヒトシナニ非ズ様々有ル可シ「大(2)海山河沼池芦手等ノ様也」（99～101行目・23条）

(1)は、『無動寺本』と同じ。『谷村家本』は、余計な語句を削り取って「石をたつるには」と短く書き改めている。(2)は、投げやりに改変されている上に脱落まである。『谷村家本』『無動寺本』には「大海のやう大河のやう山河のやう沼池のやう葦手のやう等なり」とある。

22 一 大海ノ(×)ヤウ《様》トハ《は》(×)先ツ荒磯ノアリサマヲ可立《たつへき》也　其《その》荒磯ハ岸ノホトリニハシタナクサキ出《いて》タル石ドモヲ立《たて》テ汀ヲトコネニナシテ立出《たちいて》タル石沖(1)サマヘ立《たて》ワタシテ離出《はなれいて》タル石モ少少アルベシ　是ハ皆浪ノ厳敷《きひしく》カクル所ニテ洗出《あらひいた》セル姿ナル可シ　サテ所々ニ洲崎白浜見《みえ》ヘワタリテ松ナド有ラシムベキナリ（102～110行目・24条）

(1)は、ここに省略がある。『谷村家本』には「あまた」とあり、後の「せう〳〵」と関連づけられている。『無動寺本』はこの一節を欠く。

23 一　大河ノ様其《はその》姿竜蛇ノ行《ゆ》ケル道ノ如クナル可シ　石《先》ヲ立《たつ》ル事ハ(1)水ノ曲レル所ヲ始《はじめ》トシテオモ石ノカド有ルヲ一ツ立《(×)たて》テ其《その》石ノコハンヲ限《かぎり》トス可シ　其《その》次々ヲ立下《たてくだ》スベキ事水ハ向《むかう》フ方ヲ崩ス(2)モノナレバ山モ岸モ保ツ事ナシ　其《その》石ニ当《あた》リヌル水ハ其《その》所ヨリ折撓ミテ(3)強ク行《い》ケバ其《その》末ヲ思ハエ《へ》テ又石ヲ可立《たつへき》也　其《その》末々此《この》心ヲ得テ次第々々《(×)》ニ風情ヲ替ヘツツ可立下《たてくたすへし》也　石ヲ立《たて》ン所々ノ遠近多少ハアリサマ《(×)》(4)ニ随ヒ当時ノ意巧ニ在ル可シ(5)　水ハ左右ツマリ細ク落《て》タル所ハ(6)駛ケレバ少シキ広マリニナリテ水ノ行弱《ゆきよ》ハル所ニ白浜ヲ(7)バ置《を》クナリ　中石ハ此《しか》ノ如《ごとき》クナル所ニ置《を》クベシ　イカニモ中石現レヌレバ其《その》石ノ下ザマニ洲ヲバ置クナルベシ（111～129行目・25条）

(1)は、ここに省略がある。『谷村家本』『無動寺本』には「まつ《先》」とあり、水が最初に曲がる所という意味なので、これは略すべきではない。(2)は、『無動寺本』と同じ。しかし、水がその流れて行く方向を崩すことは出来ないので、『谷村家本』は「つくす」と訂正している。(3)は、誤って省約されているが、「折れ撓む」という言葉はない。『谷村家本』には「おれもしはたわみて」とある。『無動寺本』はこの一節を欠く。(4)は、省約されているので、何の有様なのか分からない。『谷村家本』には「ところのありさま」とある。『無動寺本』はこの一節を欠く。(5)は、『谷村家本』には「意楽によるへし」とある。この「意巧《いぎょう》」と「意楽《いぎょう》」は、共に仏教語で、中世以降は混同して用いられていたというが、『山水抄』の「意巧ニ在ル」という表現が正しいのかどうかは、私には分からない。『無動寺本』はこの一節を欠く。⑹は、不適切な表現に変えられている。日本の川は滝だと言った異邦人が昔いたそうだが、時を分かたず、日本人は誰もそうは思っていないだろう。『谷村家本』には「おちくたる」とあるので、脱字と思われる。『無動寺本』の「落イル」は誤写だろう。⑺は、誤って改変されているが、川に「浜」はない。『谷村家本』『無動寺本』には「白洲」とある。

24　一　山河ノ様(×)ハ石ヲ繁ク立下《たてくた》シテココカシコニ伝ヒ石有ル可シ　又水ノ中ニ石ヲ立《たて》テ左右ヘ水ヲ分《わか》チツレバ其《その》左右ノ水際《みきは》ニハ掘リ沈メタル石(×)ヲ有ラシムベシ　已上両河ノ様ハ遣水ニ可用也《もちゐるへき》　遣水ニモ一ツヲ車一輛《両》ニ積ミワヅラフ程ナル石ヲ立ツベキナリ(1)（130〜136行目・26条）

⑴は、誤って改変されている。『谷村家本』『無動寺本』には「石のよきなり」とあるが、この「よき」は、使うのが良いという意味ではない。

25　一　沼池様(×)ハ立石事《石をたつる》ハ希ニシテココカシコノ入江ニ芦カツミアヤメカキツバタ等(1)ノ草ヲ有ラシメテ取立《とりたて》タル島ナドハ無クテ水ノ面渺渺《を眇々》ト可見也《みすへき》　沼池(∴)ト云《いふ》ハ溝小池等ノ入集ルナリ(2)　然《しかれ》バ水ノ出入ノ所ア

ルベカラズ　水ヲバ思懸《おもひかけ》ヌ所ヨリ隠《か》クシテ可入也《(×)いるへき》　又水ノ面ヲ高ク見スベキナリ《へし》（137〜144行目・27条）

(1)は、改変されているが、『谷村家本』『無動寺本』に「やうの水草」とあり、例を挙げて水草と限定しているので、これは誤り。(2)は、これも意味不明に改変されている。『谷村家本』には「溝の水の入集れるたまり水也」とある。『無動寺本』はこの一節を欠く。

26　一　芦《葦》手様ハ山ナド高カラズシテ野筋ノスヱ池ノ汀ナドニ石処々《所々》ニ立《たて》テ其《その》ワキワキニ小笹山菅ヤウノ草(1)少々ウヱテ樹ニハ梅柳等ノタヲヤカナル《木》ヲ可好植也《このみうふへし》　スベテ此《この》様ハ平ラカナル石ヲ品文字《等》ニ(2)ヒキカヘヒキカヘ立《たて》ワタシテソレニ取付《とりつき》〳〵イト(3)高カラヌ前栽ドモヲウヱ《ふ》ベキトカ（145〜152行目・28条）

(1)は、『無動寺本』と同じ。『谷村家本』は、語調が悪いのでこれを削除したようだ。(2)は『無動寺本』には「ヒキチカヘ〳〵」とあるが、意味が合わないので、これは誤写と思われる。『谷村家本』は、語調が悪いので、これも削除したようだ。(3)は、半分に省約されている。『谷村家本』『無動寺本』には「たか〻らすしけからぬ」とある。

27　石ノヤウヤウヲバ一筋ニ用ヰ立《たて》ヨ《と》ニハアラズ　(1)其姿池ノアリサマニ随ヒテ一ツ池ニ彼是《(×)》ノヤウヲ引合《ひきあはせ》

テ用《もちゐ》ル事モ有《ある》ベシ　池ノ広キ所島ノホトリナドニハ海ノ様ヲ学《まね》ビ野筋ノ上(2)水ノホトリニハ芦手ノ様ヲ学《まな》ビナド《なんと》シテ只ヨリクルニ従フ也　ヨクモ知ラヌ人ノ(3)何ノヤウナド云ハイトヲ《お》カシ（153〜161行目・29条）

(1)は、『無動寺本』には「野形池ノアリサマ」とあるが、共に意味がよく通らない。種本に既に誤りがあったようだ。『谷村家本』は、これを「池のすかた地のありさま」と訂正している。(2)は、『無動寺本』と同じ。『谷村家本』は、漠然としているので、これを削除したようだ。(3)も、『無動寺本』とほぼ同じ。『谷村家本』は、文の趣意に合わせて「いつれのやうそなと、ふは」と訂正している。

28　一　池河ノミギハノ様々ヲ云《いふ》事　鋤鋒鍬形　池並《ならひに》河ノ汀ノ白浜ハ(1)鋤鋒ノ如ク　此《この》姿ヲナストキハ石ヲバ打《うち》アガリテ立《たつ》ベシ（162〜166行目）

(1)は、文が途中で切り捨てられている。『谷村家本』には「すきさきのことくとかりくわかたのことくゑりいるへきなり」とある。

29　池ノ石ヲバ《は》海ヲ学ブコト《事》ナレバ(1)岩根浪返ノ石ヲ立《たつ》ベシ（167〜168行目）

(1)は、ここに省略がある。『谷村家本』には「かならす」とあり、これが無いと強制力が弱くなる。

■30
一(×)島姿ノ様々ヲ云事《いふ》　山島野島杜島磯島雲形洲浜形(1)片流干潟松皮等ナリ(也)（169～171行目・7条）

(1)は、ここに脱落がある。「霞形」（『谷村家本』）。『無動寺本』は、これを「霞島」に変えている。

■31
一　山島トハ《は》池ノ中ニ山ヲツキテ入《いれ》チガヘ入《いれ》チガヘ高下ヲ有ラシメテ常盤木ヲ茂ク可植《うふへし》　前ニハ白浜ヲ有ラセテ山ギハ並《ならひ》ニ水《み》ギハニ石ヲ可立也《たつへし》（172～175行目・8条）

■32
一　野島トハ《は》引《ひき》チガヘ引《ひき》チガヘ野筋ヲ遣リテ所々ヲ背《におせ》バカリサシ出《いて》タル石ヲ立《たて》テソレヲタヨリトシテ秋《の》草ナンド《なと》ヲ植ヱテヒマヒマニハ苔ナドヲフスベキナリ　此モ前ニハ白浜ヲ有ラシムベシ（176～180行目・9条）

■33
一　杜島ハ唯平地ニ樹ヲバマ(×)バラニ植ナラベテ(1)(2)下ヲスカシテ木根《の》ニ取付取付《とりつき〳〵》目ニタタヌホドノ石ヲ立テ(3)《たて》芝ヲモフセ砂(4)ヲモチラスベキナリ（181～184行目・10条）

(1)は、『無動寺本』と同じ。『谷村家本』は、列植を思わせるので、「うゑみてゝ」に変えている。

(2)は、『谷村家本』には、ここに「こしけきに」と下を透かす理由が述べられている。(3)は、『谷村家本』『無動寺本』には、ここに「少々」とある。(4)は、『山水抄』は、前の「芝」と音節を合わせるため「砂」と、『谷村家本』は、語調を整えるため「すなこ」としている。これは双方の改変が疑われるので、どちらが種本の儘なのかは分からない。……しかし、こういう時に真価を発揮するのが『無動寺本』の存在で、同書には「芝ヲフセスナコヲチラス也」とあるので、これは、『山水抄』の改変ということになる。

34 一 磯島トハ《は》起《たち》アガリタル石ヲ所々ニ立《たて》テ其《その》石ノコハンニ随《したかひ》テ浪打ノ石ヲアラ〉カニ立《たて》ワタシテ其《その》高キ(×)石ノヒマヒマニイト高カラヌ松ノオヒテスグリタル姿ナルガミドリフカキ〉所々《を》ニ(×)植《うふ》ベキナリ（185～190行目・11条）

35 一 雲形トハ《は》雲ノ風ニ(1)吹ナガサレテソビケワタリタル姿(2)ニ(3)石モ無クテヒタシラスニテアルベシ（191～193行目・12条）

(1)は、『谷村家本』『無動寺本』には「ふきなひかされて」とあるが、これは意味上の誤用なので、『山水抄』はそれを訂正したようだ。……いや、と言うよりは、件の改変をしたら偶《たまたま》それが正解だったというだけの話なのだろう。(2)は、動詞が省約されているので意味を為していない。『谷村家本』『無動寺本』には「すかたに《ヲ》して」とある。(3)は、半分に省約されている。『谷村家本』『無動寺本』には「石もなくうゑ木もなくて」とある。

36

一　霞形トハ《は》池ノ面ヲ見渡セバアサミドリノ空ニ霞ノ立《たち》ワタレルガ如クニ《ふ》タ重ネ三重ネニモ入《いれ》チガヒ《へ》テ細々トココカシコニ(×)(1)切渡リテ見ユベキ也　是モ石モ無ク樹(2)モナキ白洲ナルベシ（194～198行目・13条）

(1)は、『無動寺本』と同じ。『谷村家本』は、「たきれわたり」と語調を変えている。(2)も、『無動寺本』と同じ。『谷村家本』は、これも「うゑき」と語調を変えている。

37

一　洲浜形トハ《は》如常《つねのことし》　但コトウルハ《わ》シク紺ノ文ナドノ如クナルハワロシ　同《おなし》スハ《わ》マ形ナレドモ或ハ引(1)延或ハ(1)ユガミ或ハ(×)背ナカ合《あはせ》ニ打(1)違ヘ或ハ(×)洲浜ノ形ト《か》見レドモサスガニアラヌサマニ見ユベキナリ「サテ(2)小松少々有可シ」（199～206行目・14条）

(1)は、それぞれの語尾が不統一に改変されている。『谷村家本』には「ひきのへたるかことし、ゆかめるかことし、うちちかへたるかことし」とある。『無動寺本』は、「引ノヘタルカ如ク」以下の一節を欠く。(2)は、『無動寺本』と同じ。『谷村家本』は、「これにすなこちらしたるうゑに小松などの少々あるへきなり」と加筆している。

38

一　カタ《片》流トハ《様は》トカク風情《の》ナク(1)細長ニ水ノ流シ落チタル(2)姿ナルベシ（207〜208行目・15条）

(1)は、改変されているが、風情のない島なら造る意味がない。『谷村家本』『無動寺本』には「風流」とある。(2)は、『無動寺本』と同じなので、種本にはそう書かれていたのだろう。しかし、文意に合わないので、『谷村家本』は「なかしをきたる」と訂正している。

39

一　干潟トハ《様は》潮ノ干アガリタル痕ノゴトク半《なかは》ハアラハレ半《なかは》ハ水ニヒタルカゴトクニシテオノヅカラ石少々見ユベキナリ　樹ハ有ルベカラズ（209〜212行目・16条）

40

一　松皮トハ《様は》マツカハズリノゴトクチガヘ《ひ》(1)タル様ニテタギレヌベキヤウニ見ユルトコロアルベキナリ
是ハ石樹アリテモ無クテモ人ノ心ニマカスベシ（213〜216行目・17条）

(1)は、ここに省略があるので、意味が分かり難くなっている。「とかく」（『谷村家本』『無動寺本』）

41 『山水抄』（中）立滝流水次第廿七箇条

一(×)　滝ヲ立《たて》ンニハ先水落《をち》ノ石ヲ択フベキ也　其《その》水落ノ石ハ作石ノ(1)如ク面ウルハ《わ》シキハ興無シ　滝三四尺ニモナリヌレバ山石ノ水落《をち》ウルハ《わ》シクシテ面クセバミタランヲ可用《むもちゐるへき》也　但水落《をち》ヨク面クセバミタリト云《いふ》トモ左右ノ脇石ヨセ立《たてむ》ンニ思合《おもひあ》フコト《事》ナクハ無益也　水落(2)ヨクシテ左右ノ脇石思《おもひ》アヒヌベカラン《む》石ヲ立《たてお》ヲホセテチリバカリモユガメズ根ヲ固メテ後左右ノ脇石ヲバ(3)寄立べキ也　其《その》左右ノ脇石ト水落ノ石ノ《と》間ハ何尺何丈モアレ底ヨリ頂ニ至ルマデハニ土ヲタワヤカニ打《うち》ナシテ厚ク塗上《ぬりあ》ゲテ後(4)石マゼニ只ノ土ヲ《も》(5)割入テツキカタムべキ也　滝ハ先是《まつ》ヲヨクヨクシタタムベキナリ（217〜234行目・1〜2条）

(1)は、意味の異変をも顧みずに省約されている。『谷村家本』『無動寺本』には「ことくにして」とある。(2)は、ここに省略がある。『谷村家本』『無動寺本』には「面」とあり、水落と面の両方が良いという意味なので、これは略すべきではない。(3)は、『谷村家本』には「よせたてしむへき也」とあるが、どちらが種本の儘なのかは分からない。『無動寺本』は「ヨセ立」の後が欠文となっている。(4)が改変であることは前著に示した。『谷村家本』『無動寺本』には「石ませに」とある。(5)は、『無動寺本』とほぼ同じ。『谷村家本』は、「いれて」と簡略にした為、語調は良くなったが、意味を少し犠牲にした感がある。

42 其《その》次ニ右方晴《はれ》ナラバ(1)左ノ方ノ脇石ノ立揚リタルヲ右ノ方ノ脇石ヨリ少シ高クテ見エル様ニ立可シ　左(×)ノ方晴《はれ》ナラバ(2)前ノ次第ヲモテ《もちて》チガヘ立可《たつへ》シ　サテ其《その》カミザマハ平ナル石ヲ少々立渡《たてわた》スベシ　ソレモ偏ニ水ノ道ノ左右ニ遣水ナドノ如ク立《たて》タルハワロシ　只忘《わすれ》ザマニ打散《うちゝら》シテモ水ヲ側ヘヤルマジキ様ヲ思ハヘテ可立《たつへき》也　中石ノ(3)尾背サシ出《いで》タル少々有ルべシ　次ニ(×)左右ノ脇石ノ前ニヨキ石ノ半バ(×)許ヒキ劣《をと》リタルヲ寄立《よせたて》テ其《その》次々ハ其《その》石ノコハンニ従ヒテ立下《たてくた》ス可シ　滝ノ前ハコトノ外ニ広ク中石ナドアマタ有リテ水ヲ左右ヘ分《わか》チ流シタルガワリナキ也　其《その》次々ハ遣水ノ儀式ナル可シ（234〜251行目・3〜4条）

(1)の文章は不当に改ざんされている。『谷村家本』『無動寺本』には「左方のわきいしのかみにそへてよ(×)き石のたちあかりたるをたて右のかたのわきいしのうゐにすこしひきにて左の石みゆるほとにたつへし」とあるが、この文の趣意を『山水抄』の編者は全く理解していないようだ。(2)は、誤って改変されている。これは、今話題にした直前の事柄を指すので、「右の次第」（『谷村家本』）とすべきだろう。(3)も、誤って改変されているが、庭石に尻尾はない。『谷村家本』には「をせ」とあり、また『山水抄』

でも32条には「ヲ背」とある。『無動寺本』はこの一節を欠く。

43

滝ノ落様《おちやう》ハ様々有リ人ノコノミニ従フ可シ(1)（251〜252行目・5条）

一　(2)滝ノ落様者向落片落伝落離落ソバ《稜》落布落糸落重落(3)横落左右落（284〜286行目）

(1)は、『無動寺本』と同じ。『谷村家本』は、表現が少し硬いので「よるへし」に変えたようだ。(2)は、短く改変されているが、述語動詞が見当たらないので係助詞の「者《は》」が宙に浮いている。『谷村家本』では、これは「滝のおつる様々をいふ事」と見出しにされている。(3)は、『谷村家本』ではこの順序が逆になっている。これも、件の改変が疑われる。単なる不注意による書写ミスと片付けることは出来ない。

44

向落《むかひをち》(1)ト云ハ向《むか》ヒテウルハ《わ》シク同シホドニ落ツベキナリ（287〜288行目）

(1)は、『谷村家本』には「は」とある。『山水抄』は、これ以降の同箇所をすべて同様に改変しているが、これは正しい語法ではない。

45

一(×)　片落ト云ハ《は》左ヨリソエ《へ》テ落《おと》シツレバ水ヲ受《うけ》タル頭有ル前石ノ高サモ広サモ水落石ノ《の》半バ(×)ニアタル

ヲ左ノ方ニ寄立《よせた》テ>其《その》石ノ頭ニ当《あた》リテ横サマニシラミワタリテ右ヨリ落《おつ》ルナリ（289〜293行目）

46 一（×）伝落ト云ハ《は》(1)ヒタヒニ従ヒテ伝ヒ落ツル也 >(2)少シ水落ノ面ノカドタフレタル石ヲチリバカリノケハラセテ立可《たつへ》キナリ >(3)ウルハ《わ》シク(4)糸ヲ懸タル様ニ落《おと》ス事モアリ二三重引下《ひきさか》リタル前ノ（×）石ヲ寄立《よせたて》テ左右ヘトカクヤリチガヘテ落《おと》ス事モアル可シ（251〜261、294〜295行目）

(1)は、誤って改変されている。水落石は滝の口に当たるので、そこに額はない。『谷村家本』には「石のひたにしたかひて」とある。（余談になるが、『山水並野形図』の「敬愛石」には額があるようだ。）(2)と(3)は、二つの異なる条文を無理に合体させた為、その歪《ひず》みでここに脱文が生じている。『谷村家本』には、それぞれ「つたひおちをこのまは」「つたひおちは」とある。(4)は、無思慮に省約されている。『谷村家本』には「くりかけたる」とあり、これは絹糸の製造工程に擬えられている。

47 一（×）(1)離落ト云ハ面ニヨコカドキビシキ水落ノ石ヲ少シ前ヘ傾ケテスヱ《居》可シ >(2)上ノ水ヲヨドメズシテハヤク当テツレバハナレ落ツル也（251〜261、296〜298行目）

(1)は、二つの異なる条文を合体する為に改変されている。『谷村家本』には「はなれをちをこのまは」

とある。(2)は、その歪みでここに脱文が生じている。『谷村家本』には「はなれおちは水落に一面にかとある石をたてゝ」とある。

48

一(×)稜落ト云ハ《は》面(1)ヲ少シソバムケテソバヲ晴《はれ》ノ方ヨリ見セシム>《る》也(299～301行目)

(1)は、省約されているので、何の面か分からない。『谷村家本』には「たきのおもて」とある。

49

一(×)布落《をち》ト云ハ《は》水落>《に》面ウルハ《わ》シキ石ヲ立《たて》テ滝ノ上《かみ》ヲヨドメテ緩ク流シカケツレバ布ヲサラシカケタル様ニ見エテ落《おつ》ル也(302～305行目)

50

一(×)糸落ト云ハ《は》水落ニ頭>《に》サシ出《いて》タルカドアマル石(1)ヲ立テツレバアマタニ分《わか》レテ糸ヲクリカケタル様ニテ落《おつ》ルナリ(306～308行目)

(1)は、意味不明に改変されている。『谷村家本』には「あまたある石」とあり、後の「あまたにわかれて」と帳尻を合わせている。

51 一（×） 重落ト云ハ《は》水落ヲ二重ニ立テ《たて》風流ナク滝ノタケニ従ヒテ二重ニモ三重ニモ落ス《おと》也（309～311行目）

52 一（×） 或人云滝ヲバタヨリヲモトメテ《も》月ニ向《むか》フ可キナリ　落水《おつる》ニ影ヲヤドサシムベキ故《ゆへ》ナリ（312～314行目）

53 一（×） 滝ヲ立ル事ハ口伝有ル可シ　文(1)ニモ見エタル事多ク侍ナリ(2)　不動明王チカヒテノ給《たま》ハク滝ハ三尺ニナレバ(3)我身也　イカニ況ヤ其余ヲヤ(4)　此故《このゆへ》ニ(5)滝ハ必ス三尊ノスガタニアラハル(6)　左右ノ前石ハ二童子ヲ表ス(7)（315～320行目）

(1)は、省約されているので、何の文なのか分からない。『谷村家本』には「からの文」とある。(2)は、文末が断定に改変されているが、前文の推量と脈絡が繋がらない。『谷村家本』は、「侍るとか」と伝聞になっている。(3)は、『谷村家本』にはここに「皆」とあるが、どちらが種本の儘なのかは分からない。但し、『谷村家本』の方が語調は良い。(4)は、投げやりに短く改変されている。『谷村家本』には、「四尺五尺乃至一丈二丈をや」と几帳面に書かれている。(5)は、訳の分からない語句が付け加えられている。前提と「此故ニ」で導かれた結論とが一致していない。(6)が誤りであることは前著に示した。『谷村家本』には「あらは《ば》」とあり、次の「左右の前石」へ文が続いている。(7)は、『谷村家本』には「表するか」とあるが、これは「表すなり」の誤写と思われる。

54 儀軌云(1)　見我身者　発菩提心　聞我名者　断悪修善　故名不動云々(2)「不動種々ノ身ヲ現シ給フ中ニ以滝為其一　必青黒童子ノ姿ヲ見タテマツレトニハ非ズ　常ニ滝ヲ見ル人家有利益歟」(321〜327行目)

(1)は、省約されているので、何の儀軌なのか分からない。『谷村家本』には「不動儀軌」とある。(2)は、恣意的に改変されているが、これでは、何のために「不動儀軌」を引用したのか分からない。『谷村家本』には「我身をみはとちかひたまふ事は必青黒童子のすかたをみたてまつるへしとにはあらす常滝をみるへしとなり　不動種々の身をあらはしたまふなかに以滝本とするゆへなり」とある。

55 滝ヲ高ク立ン《たてむ》事京中ニハ有《あり》ガタカラン《む》カ　但内裡《裏》(1)ナラバナドカ無カラン《む》　或人ノ申侍リシ(×)ハ　一条ノ大路ト東寺ノ塔ノ空輪ノ高サト《は》ヒトシキトカヤ　然ラバ上サマヨリツツミヲ少シヅツツキクダシテ(2)用意ヲ致サバナドカ立テザラン(3)(262〜268行目)

(1)は、ここに省略がある。内裏は、天皇の住居であって滝を造る所ではない。『谷村家本』には「なんと」とある。(2)は、説明不足をも顧みずに短く改変されている。『谷村家本』には「水路にすこしつゝ左右のつゝみをつきくたして滝のうへにいたるまて」とある。⑶は、短く改変されている。『谷村家本』には「四尺五尺にはなとかたてさらんそとおほえ侍る」とある。

56 一《又》 滝ノ水落ノハタハリハ高下ニハヨラザルカ　生得ノ滝ヲ見ルニ高キ滝必《かならす》シモ不広《ひろからす》ヒキナル滝必《かならす》シモ不狭《せはからす》　只水落ノ石ノ寛狭ニヨル可キ也　但三四尺ノ滝ニ至リテハ⑴二尺バカリニハ不可過《すくへからす》　ヒキナル滝ノ広キハ旁ノ難有リ　一ニハ滝ノ丈ヒキク《に》見エ《みゆ》ニ⑵二ニハ井セキニマガフ　⑵三ニハ滝ノノドアハラ(×)ハニ見エヌレバアサマニ見エ《みゆ》ル事有リ　滝ハ思ヒカケヌ岩ノハザマナドヨリ落《おち》タルヤウニ見エヌレバコグラク心ニクキ也　サレバ水ヲマケカケテノド見エ《みゆ》ル所ニハヨキ石ヲ水落ノ石ノ上《うゑ》ニ当《あた》ル所ニ立《たて》ツレバ遠《とを》クテハ岩《いわ》ノ中ヨリ出《いつ》ルヤウニ見エ《みゆ》ル也（269〜283行目・6条）

⑴は、不正確な表現に変えられている。これは、それ以上の高さにしてはいけないという意味なので、『谷村家本』には「余」と書かれている。⑵も、改変されているが、三つの欠点が同時に存在するという意味ではないので、これは誤り。『谷村家本』には、両方とも「一には」と書かれている。なお、本条に見られるこれ等の事例も、やはり件の改変の一斑と見做すべきだろう。

57 一(×) 遣水事

一 先水ノミナカミノ方角ヲ可定《さたむへし》 経云東ヨリ南へ迎《むか》ヘテ西へ流スヲ順流トス 西ヨリ東ニ《へ》流スヲ逆流トス 然レバ東ヨリ西へ流スハ(×)常事也 又東方ヨリ出《いた》シテ舎屋ノ下《すた》ヲ通《とお》シテ未申ノ(×)方へ出ス最吉也 以青竜之水《青竜の水をもちて》モロモロノ悪気ヲ白虎ノ道へ洗《あらひ》出《いた》ス故《ゆへ》ナリ 其《その》家《の》主疫気悪瘡ノ病ナクシテ身心安楽寿命長遠ナル可シト云ヘリ（328〜336行目・31条）

58 一(×) 四神相応ノ地ヲ択フ時左ヨリ水流ル(1)ヲ青竜ノ地トス 故ニ(2)遣水ヲモ殿舎モシハ寝殿ノ東ヨリ出シ(×)テ南へ向ケテ(3)西へ流ス可キ也 北ヨリ出シ(×)テモ東へマハ《わ》シテ南西へ流ス可キ也（337〜340行目・32条）

(1)と(2)は、『谷村家本』にはそれぞれ「なかれたる」「かるかゆへに」とあるが、これ等は、どちらが種本の儘なのかは分からない。(3)は、『谷村家本』では、この語を他の所でも「むかへて」と読み下している。『無動寺本』は、これ等の一節を欠く。

59 又(×)経(×)ニ云遣水ノ撓メル内ヲ竜ノ腹トス 居住ヲ其《その》腹ニアツル吉也背ニアツル凶也 又北ヨリ出《いた》シテ南へ迎《むか》フル説アリ 私云(1)（341〜346行目・33条）

(1)、『山水抄』の編者はここに怪しげな自論を展開しているが、本文の趣旨とは関連がないので、ここには載録しない。当該部、『谷村家本』『無動寺本』には「北方は水也南方は火也　これ《此》陰を《(×)》もちて陽にむか《向》ふる和合の儀歟《也》　かるかゆへ《故ニ》に北より南へむか《向》へてなかす《流》説そのり《其理》なかるへきにあらす」と書かれている。

60　一「東(1)へ流シタル水ノ事」

天王寺ノ亀井ノ水也　太子伝云青竜常ニマモル冷《れい》水東へ流ル　此《この》説ノ如クナラバ東へ迎へタラバ逆流ナリ(2)トモ最吉也（347～350行目・34条）

(1)は、見出しに改変されているが、『谷村家本』『無動寺本』には、次の行の前に「水東へなかれ《流》たる事は」とある。(2)は、付会の説が捏造されている。逆流の水が最吉なら、それが順流とされる筈だ。『谷村家本』『無動寺本』には「逆流の水也といふとも《トモ》東方にあらは吉なるへし」とある。

61　一(×)　弘法大師高野山ニ入《いり》テ勝地ヲ索メ給フ時一人ノ翁ニ逢ヘリ(1)　大師問テノ給《たま》ハク此山ニ別所建立シツ可キ所有リヤ　翁答云《こたへていはく》我領内コソ《のに》昼ハ紫雲タナビキ夜ハ霊光カガヤク(2)松有リ(×)又諸水東へ流レタル地ノ殆

ト(×)国城ヲモ建(×)テツ可キ侍《は》ベシト《れ》云ヘリ「果(3)シテ霊所トナス」但諸水東《の》ヘ流レタル事ハ仏方《法》東漸ノ相ヲ現セルトカ　若其儀《もしそのき》ナラバ人ノ居所ノ吉例ニハアラザランカ(4)「此(5)両所ノ例アナガチニ好ミ立可ラズ」(351〜359行目・35条)

(1)は、『谷村家本』には「おきなあり」とあるが、これは誤写と思われる。(2)は、誤って改変されている。霊光が当たって松が輝いているのではない。『谷村家本』には「霊光をはなつ五葉の松ありて」とある。『無動寺本』はこの一節を欠く。(3)は、前文と但し書きとの間に無理に割り込んで文の流れを中断させている。編者の付加と即断こそ出来ないが、『谷村家本』にはある筈がない。『無動寺本』はこの一節を欠く。(4)は、『無動寺本』と同じ。『谷村家本』は、表現が少し硬いので、「あたらさらむか」に変えている。(5)は、本条の趣旨とは関係のない見当外れの一文が付け加えられている。これも、『谷村家本』にある筈はないが、『無動寺本』には、ここに「可有思慮事也」とある。

62　一　水落《路》ノ高下ヲ定メテ水ヲ流シ下ス可キ事ハ一丈ニ三寸十丈ニ四五寸(1)下シ(×)ツレバ水ノセセラギ流ル事滞《と、こほり》ナシ　但末ニナリヌレバウルハシキ所モ上ノ水ニ押《をさ》レテ流下《なかれくた》ル也　当時掘流《ほりなか》シテ水落《路》ノ高下ヲ見ン《みむ》事有《あり》ガタクハ竹ヲ割リテ地ニノケサマニ置(2)キテ水ヲ流シテ高下ヲ定ム可シ《へき也》　斯様ニ沙汰セズシテ左右ナク《無左右ク》屋ヲ造事ハ仔《子》細ヲ不知《しらざる》也　水上コトノ外《に》高カラン所《む》ニ至リテハ不及沙汰《沙汰にをよはす》　山水ニ便《（×）たより》ヲ得タル地ナル可シ（373～383行目）

(1)が改変であることは前著に示した。『谷村家本』には「一尺に三分一丈に三寸十丈に三尺を」とある。(2)と(3)は、『谷村家本』には、それぞれ「ふせて」「たつる」とあるが、どちらが種本の儘なのかは分からない。(4)は、『谷村家本』には「水のみなかみ」とあるので、省約されているようだ。

63 一(×)　遣水ハ何方《いつれのかた》ヨリ流シテモ(1)此《この》(2)ツマ彼《かの》ツマ此《この》山彼山(3)キハ要事ニ従ヒテ掘寄掘寄《ほりよせ〳〵》面白ク流シヤル可キ也　又(×)南庭へ出ス遣水多《おほく》ハ透渡殿ノ下ヨリ出シテ(×)西へ迎へテ(4)流ス常事也　又北対ヨリ入《いれ》テ二棟ノ屋ノ下ヲ経テ透渡殿ノ下ヨリ出ス水中門ノ前ヨリ池へ入《いる》ル常事也（384～391行目）

(1)は、省約されている。これは、流し始めるという意味なので、『谷村家本』には「なかしいたしても」とあり、これを受けて、文末を「なかしやるへき也」と結んでいる。(2)は、『谷村家本』には、ここに「風流なく」とある。(3)は、投げやりに省約されている。単語を並べただけでは文にはならない。『谷村家本』には「かの山のきはへも」とある。(4)は、『山水抄』では前の二例（57・59条）も含めて「迎」の字が使われているが、「西へ迎える」等という言い方はない。これは、西の方角へ向かわせるという意味だから、「向カヘテ」としなければならない。幸い、『無動寺本』には同様の記述が二箇所（31・33条）残されているが、そこには、正しく「向」の字が使われている。また『山水抄』でも、他の一例（58条）には「向ケテ」とあり、その対象が家の場合（99条）にも「向フ」と書かれている。従って、この「迎ヘテ」は種本の表記とは認められず、『山水抄』の編者が、故意に誤った漢字を使い、謎めかせて自著に深奥性を持たせようとしたものと考えられる。なお、『山水抄』では、これが「迎ふ」の意と思われる二例（67・71条）には漢字が使われておらず、『谷村家本』では、これ等は皆平仮名で表記されている。

64

一（×）遣水ノ石ヲ立《る》事ハヒタオモテニ繁ク立下ス《たてくた》事不可有《あるへからす》　或（×）ハ透廊ノ下ヨリ出ル所或ハ（×）(1)野筋ノ末ヲ廻ル所或（×）ハ池ヘ入《いる、》所或（×）ハ水ノ折返《おれか》ヘル所等（×）也　此所《この々》ニ石ヲ一ツ立《たて》テ其《その》石ノコハン程《む》ヲ多（×）クモ少（×）クモ可立ナリ《たつへき也》

（392〜396行目）

(1)は、故意に改変されている。本文の「遣水の石」というのは、水辺に組まれる護岸の石のことであり、陸《おか》へ上がった野筋とは何の関係もない。『谷村家本』には「山鼻をめぐる所」とある。

65

一（×）遣水ニ石ヲ立始ン《たてはしめむ》事ハ先（×）ヅ水ノ折返リ《おれかへ》撓ミ行ク所也　本ヨリ此所《この》ニ石ノ有《あり》ケルニヨリテ水ノ得崩サ

ズシテ撓ミ行ケバ其《その》筋力ヘ行クサキハ水ノ強ク当《あた》ル事ナレバ其《その》水ノ強ク当《あた》リナン《む》ト覚ユル所ニ(1)又石ヲ立《たつ》ル也　末ザマ之(2)ニナズラフ可シ　自余ノ所々ニ(×)ハ忘《た、》レザマニ寄来《よりく》ル所々ヲ立《たつ》ル也　トカク(3)水ノ流ル所ニ石ヲ多ク(4)立ルハ其《その》所ニテ見ルハ悪《あし》カラネドモ遠クテ見渡セバ故《ゆへ》ナク石ヲ取置《とりお》キタル様ニ見ユル也　近ク寄《より》テ見事《みること》ハ難シ　サシノキテ見ン《みむ》ニ(5)悪カラヌ様ニ立可キナリ《也》（397〜408行目）

(1)は、『谷村家本』には「廻石」とあるが、これが誤りであることは前著に示した。(2)は、『谷村家本』には、ここに「みな」とある。この前に「末ザマ」とあり、複数の所を指すので、これは略すべきではない。(3)は、誤って改変されている。「枯流れ」は後の時代のもので、この時代の遣水に水の流れていない所はない。『谷村家本』には「水のまかれ《が》る所」とある。(4)も、誤って改変されている。これは、立ててしまうとの意なので、「たてつれは《ば》」(『谷村家本』)とすべきだろう。(5)は、『谷村家本』には「あしからさるへき」とあるが、これが誤りであることは前著に示した。また、打消しの助動詞「ず」の連体形は「ぬ」と「ざる」の両方あるので、その異同は考察の対象には入らない。

66

一(×)　遣水ノ石ヲ立《たつる》ニハ底石水切ノ石ツメ石横石水コシノ石有ル可シ　是等ハ皆根ヲフカク(1)入レ可シトゾ

一(×)　横石ハコトノ外《事外》ニ筋違《すちかへ》テ(2)中フクラミニ面ヲ長ク見セシメテ左右ノ脇ヨリ《を》水ノ落タルガ面白キ也　ヒタ

オモテニ受タル[3]事モアリ（409～414行目）

(1)は、こんな好い加減な言い方はない。『谷村家本』には「いるへき」とあるので、誤写と見るべきだろう。(2)は、『谷村家本』には「中ふくらに」とあるが、この「中《ちゅう》ぶくら」という言葉がその当時通用していたのかどうかは、私には分からない。「フクラミ」の方は、この時代の用例があるという。(3)は、『谷村家本』には「おちたる」とあるので、この「受タル」が誤りであることは誰にでも分かる。従って、この「受」は「落」の誤写ではないかと考えられる。しかし、この両者のくずし字は決して酷似しているとは言えない。では、なぜ「受タル」と書かれているのだろうか。……前に問題提起をしておいたが、空恐しいことに、『山水抄』の編者は、この種の不正な改変を故意に行っていたと思われる節が随所に見受けられるのだ。これ迄、それをその都度指摘することはして来なかったが、その例は枚挙に遑がなく、これもその疑惑の一つと言えるだろう。

67

一（×）　遣水谷川ノ様ハ山ニツガ狭間ヨリ厳シク流出《なかれいて》タル姿ナル可シ　水落《をち》ノ石ハ右ノ側ヘ落レバ[1]又左ノ側ヘ副ヘテ落《おと》ス可キナリ《也》　ウチカヘウチカヘ[2]コヽカシコニ水ヲ白ク見ス可キ也　少シ広クナリヌル所ニハ少シ高キ中石ヲ置《を》キテ其《その》左右ニ横石ヲ有ラシメテ中石ノ左右ヨリ水ヲ流ス可キ也　其《その》横石ヨリ水ノ早ク落《おつ》ル所ニムカヘテ水ヲ受《うけ》タル石ヲ立レバ[3]白ミ渡リテ面白キナリ[4]（415～424行目）

（1）は、誤って改変されている。後の「落ス」に合わせて他動詞にすべきだろう。『谷村家本』には「おとしつれは」とある。（2）の「ウチカフ」という言葉はない。『谷村家本』には「うち、かへ〳〵」とあるので、誤写だろう。（3）は、『谷村家本』では、（1）と同様に「たてつれは」と完了形になっている。（4）は、『谷村家本』は、「おもしろし」と表現を少し和らげたようだ。

68

一《（×）》　一説云遣水ハ其《その》源東北西ヨリ出《いて》タリト云《いふ》トモ対屋有ラバ其《その》中ヲ通《とお》シテ南庭へ流シ出《いた》ス可シ　一《（×）》

又ニ棟ノ屋ノ下ヲ通《とを》シテ透渡殿ノ下ヨリ池《（1）》へ入ル＞水中門ノ前ヲ通《とお》ス常事ナリ《也》（425～429行目）

（1）は、不用意に省約されている。『谷村家本』には「したより出て」とあり、前の「下ヲ通シテ」と表現を合わせている。

69

又池ハ無クテ遣水バカリ有ラバ南庭ニ野筋ゴトキヲ有ラセテソレヲ便《たよりにて》ニ石ヲ立可シ　一《（×）》　又山モ野筋モ無クテ平地ニ石ヲ立《たつ》ル常事也　但池無キ所ノ遣水ハコトノ外《事外》ニ広ク流シテ庭ノ面ヲヨクヨクウスクナシテ水ノセセラギ流ル《（×）》＞ヲ堂上ヨリ見ス可キ也（430～435行目）

70

一（×）遺水ノ辺ノ野筋ニハ大《おほき》ニハビコル前栽ヲ植ウ可《うふへか》ラズ　桔梗女郎花（×）ワレモカウギバウシユ《きほうし》様ノモノヲ植ウ可《うふへ》シ（436～438行目）

71

一 又 遺水ノ瀬瀬ニハ横石ノ歯アリテシタアヤナル(1)ヲ其《その》前ニムカヘ石ヲ《を》置ケバ其《その》カウベニ懸《かか》ル水白ミアガリテ見（×）ユ可シ（439～441行目）

(1)は、意味不明に改変されている。「アヤ」というナリ活用の形容動詞は有るにはあるが、これは用法が限られていて、この様な使い方はしない。『谷村家本』には「したいやなるをゝきて」とある。

72

一 又 遺水ノ広サハ地形ノ寛狭ニヨリ水ノ多少ニヨル可シ　二尺三尺四五六七尺(1)此《これ》皆用ヰル所也　家モ広大ニ水モ巨多ナラバ六七尺ニモ流ス可シ（442～445行目）

(1)は、乱暴に改変されていて、後の数字と辻褄が合わない。『谷村家本』には「四尺五尺」とある。

73

一　泉事

人ノ（×）家ニ泉ハ必ズアラマホシキ事也　暑ヲサル事泉ニ《は》シカズ　然レバ唐人必ツクリ泉ヲシテ或ハ（×）蓬来《莱》ヲ学

ビ或(×)ハケダモノノ口ヨリ水ヲ出《いた》ス　天竺ニモ須達長者祇園《洹》精舎ヲ造《つくり》シカバ堅牢地神来テ泉ヲ掘リキ　即《すなはち》甘泉此《是》也　吾朝ニモ聖武天皇東大寺ヲ造給《つくりたまひ》シカバ小壬生明神泉ヲ掘レリ　羂索院ノ閼伽井是也　此外《このほかの》例数ヘツクスベカラズ(1)（720〜730行目）

(1)は、『谷村家本』には「へきにあらす」とあるが、どちらが種本の儘なのかは分からない。

74　一(×)　泉ニ《は》冷水ヲ得テ家《屋》ヲ造リ大井筒ヲ立テ簀子ヲ布ク(×)コト常事也　冷水有レドモ其所ニ用(1)ヰン《む》事便宜アシクハ便(2)ヲ得タラン所ニ泉ヲ掘テマカセ入ベシ　但(×)アラハニマカセ入《いれ》タラン《む》念ナクハ(×)地ノ底へ箱樋ヲ泉ノ(3)底へ伏セ通《とお》シテ其上《その》ニ小筒ヲ立ベシ《たつへきなり》　一(×)　若(×)シ水ノ在所《ありところ》泉ヨリ高キ所ニ有ラバ樋(4)へ水ノ入口《いる》ヲバ高メ(×)テ末ザマヲバ次第ニ下ゲテ其上《そのうゑ》ニ中筒ヲ据《すふ》ウベシ　但シ其《その》筒ノ丈ヲ水ノミナカミノ高サヨリ今《は》一寸下ゲツレバ其《その》水筒ヨリ余リ出ル《いつるなり》　伏樋ハ久シク有(×)ラシメント《む》思ハヾ石(5)ヲ立渡シテ蓋ニモ石ヲシテ其上ニ土ヲ埋ムベシ　又ヨクヨク焼キタラン瓦悪カラザランカ（731〜745行目）

(1)は、文意の不通をも顧みずに省約されている。『谷村家本』には「その所ろ泉に」とある。(2)は、『谷村家本』では「ほりなかして泉へ入へし」と簡潔にされているが、これは、少々説明不足の感がある。⑶は、改変により似たような語句が重複して文意を分かり難くしている。『谷村家本』には「中へ」とある。⑷は、これが改変か誤写かは分からないが、何れにしても誤り。『谷村家本』には「樋を」とある。但し、ここには目的語（泉の中へ伏せ通して）が省略されているので、不分明の誹りを免れないだろう。⑸は、恣意的に改変されている。箱樋を少しばかり長持ちさせたいからといって、それを石ですっかり覆ったりはしないだろう。それなら、始めから樋を石で造れば良いのだ。『谷村家本』には「石をふたをゝいにふすへし　もしはよく〳〵やきたるかわらもあしからす」とある。

75

一(×)　作泉ニシテ井ノ水ヲ汲入《くみいれむ》ンニハフネヲ井ノキハ(1)ニ高ク据ヱテ其《その》下ヨリ前《さき》ノ如ク箱樋ヲ伏セテ船ノ下(2)ヨリ樋ノ上ヘ竹(3)《の》筒ヲ立通《たてとを》シテ水ヲ汲入《くみいる》レバ押《を》サレテ泉ノ筒ヨリ水アマリ出テヽ涼《すゝし》ク見ユルナリ（746〜752行目）

⑴は、短く改変されているので、意味が分かり難くなっている。『谷村家本』には「井のきはにおゝきなる船を台の上に」とある。⑵も、改変されているが、船の下ならどこでも良いのではない。水は低い方へ流れるので、『谷村家本』には「ふねのしり」と書かれている。⑶は、これが改変か誤写かは分からない。『谷村家本』には「うへは」とある。

76 一(×)泉ノ水ヲ底へ漏サヌ次第ハ(1)先水セキノ筒ノ板ノトメヲスカサズ造《つくりお、》ヲホセテ地ノ底へ一尺バカリ掘沈《ほりしつ》ムベシ　其《その》沈《しつむ》ル所ハ板ヲハキタルモ苦《くるし》ミナシ　底ノ土ヲ掘捨《ほりす》テゝヨキハニ土ノ水入レテタワヤカニ打《うち》ナシタルヲ厚サ七八寸許入固メテ(2)其上《そのうへ》ニ面ヒラナル石ヲ透間無ク押入押入《をしいれ〳〵》ナラベ据ヱテ干固《ほしかた》メテ其上《そのうへ》ニ又ヒラナル石ノ小カワ《は》ラケ《の》程ナルヲ底へ透間ナク据ヱ置キテ(3)其上《そのうへ》ニ黒白ノ清ラナル小石ヲバ布クナリ（753〜765行目）

(1)は、半分に省約されている。『谷村家本』には「四方へもらさす底へもらさぬしたい」とある。(2)は、誤って改変されている。固まった粘土の中に「面ヒラナル石」を押し入れることは出来ない。『谷村家本』には「いれぬりて」とある。(3)も、誤って改変されている。「ヒラナル石」は、もうその下に基礎が出来ているので、底へ固定する必要はなく、ただ乗せておくだけで良い。『谷村家本』には「そこへもいれすたゝならへをきて」とある。

77 一(×)一説作泉ヲバ底へ掘入《ほりいれ》ズシテ地ノ上ニ筒ヲ建立シテ水ヲ少シモ残サズ尻へ出ス可キヤウニコシラフ可キ也　汲《くみ》水ハ一二夜過グレバクサリテ臭クナル也(1)　虫ノ出来《いてく》ル故《ゆへ》ニ常ニ水ヲ換落《かへおと》シテ底ノ石ヲモ筒ヲモヨクヨク洗《あらひ》テ用《えう》アル時ニ(×)水ヲバ入《いる》ル也　地ノ(×)上ニ高ク筒ヲ立《たつ》ルニモ板ヲバ底へ掘入《ほりいる》べキ也　ハニヲ塗ル(2)

如前《さきのことし》　板ノ外ノメグリヲモ掘リテハ二ヲバ入《いる》ベキナリ（766〜775行目）

（1）は、脈絡をも考えずに文を途中で終わらせている。『谷村家本』には「くさくなり」とあり、次の文へ続いている。（2）は、乱暴に省約されている。『谷村家本』には「ぬる次第」とある。

78

一（×）簀子ヲ布ク事ハ筒ノ板ヨリ鼻少シサシ出《いつ》ル程ニ布ク説アリ　泉《を》広クシテ立板ヨリ二三尺水ノ面《おも》へサシ出テ>釣殿ノ簀子《すのこ》ノ如ク布ク説モ有リ　此ハ泉へ降《おる》ル時下ノ小闇（1）シテ恐ロシキ（2）ケノシタル也　但便宜ニ従ヒ人ノ好《このみ》ニヨルベシ（776〜782行目）

（1）は、誤って改変されている。下の方が小暗くなっているという意味ではない。『谷村家本』には「こくらくみえて」とある。（2）は、省約されているが、これは、何となく恐ろしし気な感じがするという文意なので、「ものおそろしき」（『谷村家本』）とすべきだろう。

79

一（×）当時居所ヨリ高キ地ニ掘《ほり》井有レバ其《その》井ノ深サ掘通《ほりとを》シテ底ノキハ（1）ヨリ樋ヲ伏セ出シツレバ樋ヨリ流出《なかれいつ》ル水断ル（2）事ナシ（783〜786行目）

（1）は、誤って省約されている。「底ノキワ」では何処を指すのか分からない。仮に最深部を指すとしてそこに樋を伏せて水を引き出せば、水は溜まらず、井戸としての機能が果たせない。『谷村家本』には「水きは」とある。(2)は、改変されているが、「断《たつ》ル」は他動詞だから、これは誤り。『谷村家本』には「たゆる」（自動詞）と書かれている。従って、これも件の改変が疑われる。しかし、また別の可能性も考えられる。それは、『山水抄』の編者がこの「断ル」を「タユル」と読むと思い込んでいたのではないかということだ。どちらとも取り得る事例だが、それを知っているのは当の本人だけだろう。

80 唐人ノ家《か》ニ必《かならす》楼閣有リ　(1)月ニ登ル高楼ハサルコトニテウチマカセテハ簷《軒》短キヲ楼ト名ヅケノキ《簷》長キ(×)ヲ閣ト名ヅク　楼ハ月ヲ見《みむ》ンガ為《ため》メ(×)又閣ハ(2)涼シカランガ為メト云也（788〜793行目）

(1)は、的外れな修辞が付け加えられている。本条の趣意がよく分かっていないようだ。(2)は、短く改変されていて、結論に当たる部分が切り捨てられている。『谷村家本』には「す丶しからむしめむかためなり　簷長屋は夏す丶しく冬あたたかなるゆへなり」とある。

81 『山水抄』（下）立石口伝三十一箇条並前栽等事

一　(×)立石《石をたてん》ニハ(1)先大小ヲ運ビ寄セテ可立《立へき》石ヲバ(2)頭ヲ上ニ伏セ臥ス可キ石ヲバ面《おもて》ヲ上ニシテ庭ノ面《おも》ニ取並《とりなら》ベテ彼此ガカドヲ見合《みあは》セ見合《みあは》セ(3)用ニ従ヒテ引寄引寄《ひきよせ〳〵》可立《たつへき》也（447〜451行目）

(1)は、省約されているので、何を運び寄せるのか分からない。『谷村家本』には「大小石を」とある。(2)は、誤って改変されている。条文の趣意が分かっていないようだ。『谷村家本』には「かしらをかみにし」とある。(3)も、誤って改変されている。『谷村家本』には「えうし」とあるが、「用《ヨウ》」と「要《エウ》」の区別は、『山水抄』の頃にはもう無くなっていたのかも知れない。

82

石ヲ立《たてん》ニハ先《まつ》オモ石ノカド有ルヲ一ツ立テホセテ(1)次次ノ石ヲバ其《その》石ノコハンニ随《したかひ》テ可立《立へき》也（452～454行目）

(1)は、意味不明に改変されている。『谷村家本』には「立おゝせて」とあるので、これは誤写と見るべきだろう。

83

一(×) 石ヲ立《たてん》ルニ頭ウルハシキ石ヲバ前石ニ至ルマデウルハシク可立《たつへし》　頭ユガメル石ヲバウルハシキ面ニ《を》見セシメテ大姿ノ傾カンコトヲハ《は》カリ(1)見ベカラズ（455～458行目）

(1)は、誤って改変されているが、これは文意に合わない。『谷村家本』には「かへりみる」とある。

84

一 又 岸ヨリ水ノ底へ(×)立テ入レ又水ノ底ヨリ岸へ(×)立テ上《あく》ルトコナメノ石ハ大《おほき》ニイカメシク続カマホシケレドモ人ノ力叶フマジキ事ナレバ同色ノ石ノカド思合ヒタランヲ択ヒ集メテ大ナル姿ニ立ナス可シ《へきなり》（459

～464行目）

85 一（×）石ヲ立《たて》ンニハ先左右ノ脇石前石ヲ寄立《む》ンズルニ思合ヒヌベキ石ノカド(1)アルヲ立置《たてを》キテ奥石(2)ヲバ其《その》石ノ天(3)ニ従ヒテ立《たつ》ル也（465～468行目）

(1)は、『谷村家本』には「こと」とあるが、これは誤写と思われる。(2)が誤りであることは前著に示した。『谷村家本』には「具石」とある。(3)は、意味不明に改変されている。『谷村家本』には「乞」とあるので、誤写と見るべきだろう。

86 一（×）或人口伝云ソバ(1)カケノ石ハ屏風ヲ立タルガ如シスヂカヘ遣戸ヲ寄《よせ》カケタルガ如シキザハシヲ渡シカケタルガ如シ　山ノフモト並《ならひに》野筋ノ石ハムラ犬ノ伏セルガ如シ豕ムラムラ(2)走リ散レルガ如シ小牛ノ母ニ戯レタルガ如シ（469～475行目）

(1)は、『谷村家本』には「そわ」とあり、崖のことを言うが、これが「ソバ」とも呼ばれるようになるのは近世以降だと言う。(2)は、『谷村家本』には「豕むらの」とあるので、これは誤りだが、単なる誤写と片付けて良いのだろうか。同様の不可解な事例は19条にもある。

87 一(×) 凡石ヲ立《たつ》ル事ハ逃《にく》ル石一両有レバ追《を》フ石ハ七八アル可シ　タトヘバ童部ノトテウトテウヒヒクメト云フ戯レヲ為タルガ如シ（476～478行目）

88 一(×) 石ヲ立《たつ》ル二三尊仏ノ石ハ起チ品文字ノ石ハ臥ス常事也　又山受《うけ》ノ石ハ山ヲキリタテン所ニハ多ク起ツベシ　芝(1)フセツヅカン所ニハ山ト庭トノ境界芝(2)ノフセハテノキハニハ(×)忘《はす》レザマ>高《に》カラヌ石ヲ据ヱモシ臥セモスベキナリ(也)（479～485行目）

(1)は、省約されているので、意味が分からなくなっている。『谷村家本』には「しはをふせんにはにつゝかむところ」とある。(2)は、改変によって、後の「キハ」との音節の不均衡が目立っている。『谷村家本』には「さかゐ」とある。

89 一(又) 立石ニキリカサネカフリガタツクヱ形桶スヱト云事《いふこと》アリ（486～487行目）

90 一(又) 立石《石を立》ニハ逃ル石有レバ追フ石有リ傾ク石アレバ支フル石アリフマフル石アレバウ(1)ツフケル石アリ

アフゲル石有レバウツフケル石有リ起《たて》ル石アレバ臥セル石アリ(2)水アレバ流ルト云事有リト云ヘリ（488～492行目）

(1)は、後で使われる語がここに重複している。『谷村家本』には「うくる石」とある。(2)は、本条の趣旨とは関係のない寝言が付け加えられている。これ以外にも、こういう見当外れの改変がしばしば見受けられるが、『山水抄』の編者は、種本の内容をまるで理解していないようだ。

91 一(×)石ヲバツヨク立ツ可シ　ツヨシト云《ふ》ハ根ヲ深ク可入《いるへき》カ　>但深《根》ク入レタリト云ヘドモ前石ヲ寄立《よせた》テザレバ弱ク見ユ　アサク入《いれ》タレドモ前ノ(×)石ヲ寄セツレバ強ク見ユルナリ　是口伝ナリ《也》（493～497行目）

92 一(×)立石《石をたつる》ニハ(1)>禁忌有リ　一ツモ之ヲ犯シ(×)ツレバ(2)遂ニハ不吉也　処不久ト云ヘリ（503～506行目）

(1)は、ここに省略がある。「おほくの」（『谷村家本』）これが無いと、後の「一ツモ」が生きない。(2)は、投げやりに短く改変されている。『谷村家本』には「あるし常に病ありてつひに命をうしなひ所の荒廃して必鬼神のすみかとなるへしといへり」とある。

93 一　弘高云石ハ(∴)荒涼ニ不可立《立へからす》「只(1)海辺山河石ヲ見タルバカリニテ本説ヲモ見ズ口伝ヲモ不得人禁忌ヲ犯シツレバ不吉也　或ハ其所不久シテ荒廃ノ地トナルト云ヘリ」（563〜565行目）

(1)の文章は、全面的に改変されている。相変わらず要領を得ない稚拙な文章で、種本にはある筈がない。『谷村家本』には「石を立には禁忌事等侍也　其禁忌をひとつも犯つれはあるし必事あり其所ひさしからすと云る事侍りと云々」とある。

94 其禁忌ト云《いふ》ハ

一　モト立タル石ヲ臥セモト臥セタル(1)ヲ立《たて》ル也　如此《かくのことき》シツレバ(2)石霊石トナリテ崇《たゝり》ヲナス可シ（507〜510行目）

(1)は、前の「立タル」と表現が一致しているので間違いではないが、「石」が省約されている。『谷村家本』は、この表現が少し硬いので、「臥る石」に変えたようだ。(2)は省約があるので、どの石を指すのか分からない。『谷村家本』には「その石かならす」とある。

95 一　高サ四尺五尺ニナリヌル石ヲ丑寅方ニ不可立《立へからす》　或ハ霊石トナリ或ハ(×)(1)魔縁入来ルタヨリトナル可シ（514〜518行目）

(1)は、短く改変されていて、それがどんな禍を齎すのかが示されていない。『谷村家本』には「魔縁入来のたよりとなるゆへにその所に人の住することひさしからす」とある。

96 一 家ノ椽《縁》ヨリ高キ石ヲ椽近ク(1)不可立《たつへからす》「但(2)椽ノ下ハハバカリ無シ」堂《但》社ハ《その》ハバカリナシ（519〜522行目）

(1)は、改変されている。縁よりも高い石をその付近に立てれば、雨で縁側が濡れるのは自明だ。『谷村家本』には「家」とある。(2)は、全面的に改変されている。縁の下にそれよりも高い石を立てれば、縁を突き破ってしまうことになる。庭石は竹の子ではない。『谷村家本』には「これを、かしつれは凶事たえすして而家主ひさしく住する事なし」と書かれている。

97 一 三尊仏ノ立石《を》マサシク寝殿ニ向《むか》フベカラズ 少シキ余方ニ《へ》向フベシ《むかふし》(1)（523〜525行目）

(1)は、『谷村家本』には、ここに「これを、かす不吉也」とある。

98 一 未申方ニ山ヲ有ラシム(1)可《へか》ラズ 但《たたし》山ヨリ(2)路《道》ヲ通サバ憚《(∴)》ナシ《は、かりあるへからす》 山ヲ忌ム事《は》白虎ノ方ニ(3)道ヲフサガザランガ為《ため》メ也 偏ニ路(4)ナクシテツキフサグ事ヲ憚ル可キナリ（537〜541行目）

(1)は、種本の儘かどうかは分からない。但し、これは、禁忌の条文に使われる成句としてはやや冗長なので、『谷村家本』には「山を、く」と書かれている。(2)は、余計な語句が付け加えられている。この時代の築山は登るためのものではないので、そこに登山道を通す必要はない。(3)も、余計な語句を付け加えた為に意味が分からなくなっている。(4)も、意味不明に改変されているが、相も変わらぬ悪文で、殆ど日本語の体を為していない。『谷村家本』には「□てつきふたかん事はは、かりあるへし」とある。

99

一　山ヲツキテ其《その》谷ノ口(1)ヲ家ニ向《むか》フベカラズ　之ヲ向フレバ(2)女子不吉也(×)ト云《云々》（542～545行目）

(1)は、『谷村家本』にはない。同書には、この条の後半に『山水抄』にはない一文があるが、そこに「又たにのくちを」とあるので、これを略したようだ。(2)は、改変されているが、94・111条と同様に「向カヘツレバ」と完了形にすべきだろう。『谷村家本』には「むかふる」とあるが、これは誤りと思われる。

100

一　臥石ヲ戌亥方ニ向《むか》フベカラズ　之ヲ犯セバ(1)財物倉ニ留マラズ奴蓄集《あつま》ラズ　一(2)　家ニ水ノ道ヲ通スベカラズ　禍徳戸内ナルガ故ナリ（546～549行目）

(1)は、禁忌の条文なので、『谷村家本』では「をかしつれは」と硬い表現が採られている。(2)は、恣意的に改変されている。家に上下水道が通せないのなら、不便でそんな家には住めない。『谷村家本』には、「□戌亥□□水路をとをさす　福徳戸内なるかゆへに流水ことにはゝかるへしといへり」とある。

101 一　東方ニ余(×)ノ石ヨリモ大ナル石ノ白色ナルヲ不可立《たつへからす》　(1)(2)其方ヲ(3)剋スル色ノ石ノ余(×)ノ石ヨリ(4)大《モ》ナルヲ立ツべカラズ(5)（555〜558行目）

(1)は、『谷村家本』には、ここに「其主ひとにをかさるへし」とある。(2)は、この前に省略があるので、「其」が何を指すのか分からない。『谷村家本』には「余方にもその方を」とある。(3)と(4)は、『谷村家本』には、それぞれ「剋せらむ色」「大ならむ」とある。『山水抄』は、これ等を短く切り詰めてしまったようだ。(5)は、『谷村家本』には、ここに「犯之不吉也」とある。

102 一　名所ノ(1)面白キ山水有ランヲ学《まね》バンニハ其《その》名ヲ得タラン里荒廃シタラバ(2)学《まな》ブ可《へか》ラズ　荒タル所ヲ家ノ前ニ(3)ウツシ留メテ常ニ向ハン事憚《はゝかり》有ル可キナリ(4)（559〜562行目）

(1)は、的外れな語句が付け加えられている。前著にも示したが、平安貴族にとって国々の名所とは、面白い山水を指すのではない。(2)は、ここに省略があるので、何を学ぶのか分からない。『谷村家本』には「其所を」とある。(3)は、恣意的に改変されている。常に向かわなければ憚りがないのだろうか。

『谷村家本』には「うつしと、めん事」としか書かれていない。(4)は、憚かる理由を述べた文章なので、「ゆへなり」(『谷村家本』)とすべきだろう。

103 一　(1)石ヲ取時霊石ヲ除ク事ハ高峰ヨリマロバシ《自高峰丸》(2)落セドモ(3)落止ル所ニモトノ座籍ヲタガヘザル也《不違本座席也》　此ノ如ク《如此》(×)アラン(4)石ヲバ取可ラズ　捨ツベキナリ《可捨之》（570～573行目）

(1)は、分かったような語句が付け加えられている。しかし、文の主部と述部に整合性がなく、また動詞「マロバシ落ス」の目的語も示されていないので、これは編者の改変と分かる。『谷村家本』には「霊石は」としか書かれていない。(2)と(3)は、『谷村家本』には、それぞれ「下せ」「立る」とあるが、これ等は、どちらが種本の儘なのかは分からない。(4)は、(1)の改変に合わせて「取」と変えられている。『谷村家本』には「不可立」と書かれている。

104 一　荒磯ノ様ハ面白ケレドモ所荒(×)レテ(1)久シカラザル故ニ(2)好ミ立ツベカラズ（574行目）

(1)は、『谷村家本』には「不久」とあり、ここで文が終わっている。『山水抄』は、後へ文を続けたために少し緊張感が薄れた感がある。しかし、どちらが種本の儘なのかは分からない。(2)は、『谷村家本』には「不可学也」とあるが、これも、どちらが種本の儘なのかは分からない。

105 一 宋人云山若シハ河キシ《岸》ノ石ノ崩落《くつれをち》テ片(1)ソバニモ谷底ニモ有ルハ固ヨリ崩落《くつれおち》テモトノ頭モ根ニナリモトノ根モ頭ニナリ又峙テルモ有リノケフセルモ有レドモサテ年ヲ経テ色モ変《かは》リ苔モ生(2)ヌレバ人ノシハザ《わ》ニアラズ己《をのれ》ガ自ラシタル事ナレバ其《その》家(3)ニ(4)立テモシ臥セモスルマタク憚《はゞかり》有ル可《へか》ラズ(5)ト云ヘリ（589～597行目）

(1)は、『谷村家本』には「かたそわ」とある（86条の(1)参照）。(2)は、誤って改変されている。これは、生えてくるのはという意味なので、「おひぬるは」（『谷村家本』）とすべきだろう。(3)は、『谷村家本』には「定」とあるので、誤写だろう。(4)は、改変によって、宋人の進取的な気風を感じさせるニュアンスが失われている。『谷村家本』には「立も臥もせむも」とある。(5)も、誤って改変されている。宋人がそう言っているのであって、一般にそう言われているのではない。『谷村家本』には、ここには下略を示す「云々」が置かれている。

106 一 池ハ亀若シハ鶴ノ姿ニ掘ル可シ　水ハウツハモノニ随ヒテ其《その》形ヲナスモノナリ（598～602行目）

107 「一(1) 池ハイタク深カルベカラズ　四五尺ニハ過クベカラズ」池深ケレバ(2)魚大キクナル　魚大ナレバ(3)悪臭

トナリテ人ヲ害スト云ヘリ（∴）(4)（603〜604行目）

(1)は、恣意的に改変されている。寝殿造りの庭の池は、農業用の溜池でもなければ水練の場でもない。また、池がこんなに深くては護岸の石を組むことも出来ない。『谷村家本』には「池はあさかるへし」としか書かれていない。因みに、京都市内で発掘された平安時代の園池の深さは、せいぜい数十センチメートルぐらい迄だと言う。(2)は、『谷村家本』には「魚大なり」とあり、後へ文が続いている。(3)は、『谷村家本』には「悪虫」とあるが、どちらも何かの間違いだろう。(4)は、『谷村家本』にはない。しかし、荒唐無稽な話なので補ったほうが良いだろう。

108　一　池ニ水鳥常ニ有レバ家主安楽ナリ（也云々）（605行目）

109　一　池尻ノ水門ハ未申方へ出スベキナリ（可出也）　青竜ノ水ヲ白虎ノ道ニ（へ）迎《むか》ヘテ悪気ヲ（∴）ススギ(1)出《いた》ス可キユヱ（へ）也　「同(2)白虎ト云ヒナガラ北ヘヨリヌレバ□ハ福徳戸タル間未申ト云ル也」一（×）　池ヲバ常ニ浚フ（×）(3)（へきなり）ベシ（606〜608行目）

(1)は、『谷村家本』にはない。語調が悪いので省略したのかも知れない。(2)は、訳の分からない寝言が付け加えられている。これも、他例に漏れず札付きの悪文で、とうてい種本にあったとは考えられない。

(3)は、『谷村家本』には「さらさらふ」とあるが、これは衍字と思われる。

110

一　水ヲ流ス事ハ東方ヨリ家ノ内《屋中》ヲ通《とお》シテ(1)悪気ヲススギ出シテ白虎ノ路へ出ス可シ　(2)之ニ住スレバ呪詛負《を》ハズ悪瘡出デズ疫気起(3)ルコトナシト云へリ　（611～615行目）

(1)は、恣意的に改変されている。白虎の道は水を流す所ではない。『谷村家本』には「南西へむかへて諸悪気をす丶かしむるなり」とある。(2)は、『谷村家本』には、「人住之」と主語が示されている。

(3)は、プリミティブな表現で意味は分かり易い。しかし、韻律上の破調になるので、『谷村家本』はこれを削除したようだ。

111

一　古キ所ニ自《をのつか》ラ祟《た丶り》ヲナス石ナド《なんと》有レバ其《その》石ヲ剋スル色ノ石ヲ立交《たてまし》ヘツレバタタリヲナス事ナシト云へリ　又三尊仏ノ(1)石ヲ遠《とを》ク立テ(2)向フ可キナリ　（621～625行目）

(1)は、省約されている。三尊仏の石は三石によって構成されるが、それ等が皆同じ方へ向いているとは限らない。『谷村家本』には「立石をは」とある。(2)は、改変されている。接続助詞の「又」は、同類の事柄を並記する時に用いられるので、「むかふへしといへり」（『谷村家本』）とすべきだろう。

112 一　東北院ノ石ハ延円阿闍梨〔一条摂政伊尹孫義懐中納言子也〕立サシテウセタルヲ蓮仲法師本ヨリ石ヲ立ル事ナシト雖モ細工風流ヲ能トシタル者ナリ工巧ヲマチテ可立由召シオホセラレテ立テタリケリ　後ニ伏見修理大夫見テ大ナル禁忌ヲ犯セリ　遂ニ荒廃ノ地トナラント云ハレケリ　果シテ終ニ荒廃シ畢ヌ　古人言可貴可服

この条は、『谷村家本』にはない。似たようなものに次の条文がある。「又石をさかさまに立ること大にはゝかるへし　東北院に蓮仲法師かたつるところの石禁忌をゝかせることひとつ侍か」（628〜631行目）

113 一（×）古人云(1)人ノ立《たて》タル石《は》生得ノ山水ニハマサルベカラズ　但多クノ国国ヲ見侍リシニ所（×）一ツニアハレ面白キ者カナト覚ユル事有トモ(2)ヤガテ其《その》ホトリニ正体《さうたいも》無キ事其《その》数アリキ（×）　人ノ立タルニハ(3)彼ノ面白キ所《々》バカリヲコゝカシコ学《に》ビ立《たて》テ側《かたはら》ニ其《その》事トナキ石ヲ取置《（×）とりおく事》コトハ無キナリ（632〜639行目）

(1)は、誤って改変されている。これは、今の世の中にはそう言う人もいるけれどという意味で、昔の人がそう言ったのではない。『谷村家本』には「或人のいはく」とある。(2)も、誤って改変されている。これは、逆接の確定条件を表すので、「あれと《ど》」（『谷村家本』）とすべきだろう。(3)も、誤って改変されている。これは、立てようとする時にはの意なので、「たつるには」（『谷村家本』）とすべきだろう。これ等がみな件の改変であることは、もう言わなくても分かるだろう。

114　一　石ヲ立時(1)臥スル石ニ起テル石ノ無キハ苦《くるし》ミナシ　立ル石ニ左右ノ脇石前石ノ《に》フセ石ナキハ悪カル可シ(2)　起《立》ル石ヲ只一本(3)兜ノ星ノ(4)如ク立置事《たてをく》ハ有ル可ラズ(5)（616～620行目）

(1)は、誤って改変されている。これは、石組の理論を説いたもので、実際の施工法を述べたものではないので、「たつるに」（『谷村家本』）とすべきだろう。(2)は、禁忌の条文としては表現が弱すぎる。『谷村家本』には「等はかならすあるへし」とあるので、改変と見るべきだろう。(3)は、ここに省約がある。一本の石を立てただけでは兜の星のようにはならない。『谷村家本』には「一本つゝ」とある。(4)は、『谷村家本』には、ここに「なんと」とある。(5)は、(2)の改変による皺寄せがここに及んでいる。この文は、前文の論旨を喩えで補ったものなので、『谷村家本』には「いと〱おかし」と書かれている。

115　一　樹(×)ノ事

人ノ居所ノ四方ニ木ヲ植ヱテ四神具足ノ地ト可成事《なすへき》　経云家ヨリ東ニ流水有ルヲ青竜トス　若シ流水無(1)ケレバ柳九本ヲ植ヱテ之(2)力代トス　西ニ大道有ルヲ白虎トス　大道(3)無《なけ》レバ楸七本ヲ植ヱテ之(2)力代トス　南

二前《前に》池有ルヲ朱雀トス　池無ケレバ(3)桂九本植ヱテ之《を》カ(2)代トス　北《後》ニ岳有ルヲ玄武トス　岳無《なけ》(3)レバ桧《槍》三本ヲ植ヱテ是カ(2)代トス　如此《かくのごとき》シテ四神相応ノ地トナシテ居ヌレバ官位福禄ソナハリテ無病長寿也ト云ヘリ

（660〜674行目）

この条には、場末の工務店のような杜撰な手抜きが多く施されている。『谷村家本』には、(1)は、「その流水」と、(2)は、それぞれ「青竜の、白虎の、朱雀の、玄武の」と、(3)は、それぞれ「若其大道、若其池、もしその岳」と良心的に書かれている。

116 凡ソ(×)樹ハ人中天上ノ荘厳也　故ニ(1)孤独長者ガ祇温《洹》精舎ヲ造《つくり》テ仏ニ奉《たてまつらむ》ントセシ時樹《も》ノアタヒニワヅラヒキ然ルヲ祇陀太子ノ思フ(×)ヤウイカナル孤独長者ガ黄金ヲ尽シテ彼《かの》地ニ布満《しきみて》テ其《その》(2)と価ヲシテ精舎ヲ造リテ尺尊ニ奉ルゾヤ　我アナガチニ直(3)ヲ取ル可キニ非ズ　只《たゞ》是ヲ仏ニ奉ント(4)テ樹ヲ尺尊ニ奉リキ(5)「(6)故ニ祇陀ガ植木孤独ガ園ト云ヘル事有リ」（675〜686行目）

(1)は『谷村家本』には「かるかゆへに」とあるが、『山水抄』は、これを悉く「故ニ」に変えている。しかし、「かるが故に」と「故に」が同意だと軽々に見做すことは出来ない。(2)は『谷村家本』には「あひた」とあるが、これは誤写と思われる。(3)は、省約されているので何の直か分からない。『谷村家本』には「樹の直」とある。⑷は、太子の強い意志を示す表現が平凡なものに変えられている。『谷村家本』には「たてまつりてむ」とある。⑸も、平凡な表現に変えられている。『谷村家本』には「たてまつりをはりぬ」とある。⑹は、趣意不明に改変されている。『谷村家本』には「かるかゆへにこの所を祇樹給孤独薗となつけたり　祇陀かうゑにき孤独かそのといへるこゝろなるへし」とある。

117 秦始皇ガ書ヲ焼《き》儒ヲウヅミシ時モ種樹ノ書ヲ《お》バ除ク可シト勅下シタリトカ　仏ノ法ヲ説キ神ノ天降給《あまくだりたまひ》ケル時モ樹ヲタヨリトシ給ヘリ　人屋尤此《この》イトナミ有ル可キ也⑴（687〜692行目）

⑴は、『谷村家本』には「とか」とある。

118 樹ハ青竜白虎朱雀玄武ノ外ハイヅレノ木ヲ何《いつれの》方ニ植《うへむ》ントモ心ニマカス可シ　但古人云東ニ花《は》木《の》ヲ植《うへ》ヱ西ニハモミヂノ木ヲ植《うふ》ベシ　若シ池《（×）》アラバ島ニハ松柳釣殿ノホトリニハカヘデナドヲ⑴植《うふ》ウ可シ（693〜699行目）

⑴は、短く改変されているので、どんな木を植えれば良いのかよく分からない。『谷村家本』には「かへてやうの夏こたちすゝしけならん木を」とある。

119 一(×) 槐ハ門《の》辺ニ可植也《うふへし》 大臣ノ門ニ之(1)ヲ植テ槐門ト云フ(2) 槐ハ懐ナリ懐ノ字 大臣ハ人ヲ懐ケテ帝(×)王ニツカフマツル(3)可キツカサトカ（700～703行目）

(1)は、改変されている。門に「之」を植えたのでは「槐門」とはならない。『谷村家本』には「槐」とある。(2)は、鬼の首を取ったかのような口吻だが、前後の脈絡をも顧みずに改変されている。『谷村家本』には、ここは「槐門となつくること」としか書かれていない。(3)も、誤って改変されている。これは、人に仕えさせるという意味なので、「つかうまつらしむ」（『谷村家本』）とすべきだろう。

120 一(×) 門前ニ柳ヲ植《うふ》ル事由緒侍ルカ(×) 但門柳ハシカルベキ人ノ門ニ可植也(1) 之ヲ制止スル事ハ無《なけ》レドモ非人ノ家ニ門柳有ル(2)事見苦シキコト《事》トゾ承侍リキ(3)（704～708行目）

(1)は、『谷村家本』には「若は時の権門にうふへきとか」とあるので、改変されているようだ。(2)は、不明瞭な表現に変えられている。『谷村家本』には「うふる事は」とあり、また、前文にも「植ル事」とある。(3)は、係り結びになっているので、「侍し」（『谷村家本』）としなければならないが、この語法は、『山水抄』の頃にはもう廃れていたようだ。

121

一（×）(1)榊ヲバ常ニ向フ方ニ近ク植ル事ハハバカリ有ル可キヨシ(2)又承リキ（709～710行目）

(1)は、プリミティブな表現で意味は分かり易い。『谷村家本』は、これを「つねにむかふ方にちかくさかきをうふることは」と変えたようだ。(2)は、『谷村家本』には「承こと侍りき」とあるが、どちらが種本の儘なのかは分からない。

122

一（×）門ノ中心ニ(1)当リテ木ヲ植《うふ》ル事ハ（×）(2)憚有リ　閑ノ字ニナルベキ故《ゆへ》ナリ（711～712行目）

(1)は、不正確な表現に変えられている。『谷村家本』には「あたるところに」とある。(2)は、弱い表現に変えられている。『谷村家本』には「はゝかるへし」とある。

123

一（×）(1)方円ナル地並小坪ナドノ中心ニ樹有ルハ其家《そのいゑ》ノ主常ニ困《くるし》ム事有ルベシ　(2)方円ノ中ニ木ヲ置キテハ困ノ字ニナル（×）故《ゆへ》ナリ　一又　方円地ノ中心ニ屋ヲ建《たて》テ居レバ其《その》家主禁ゼラルベシ　方円中ニ(3)家有ルハ囚獄ノ字ナル故《ゆへ》也　如此事ニ至ルマデ〈も〉用意有ル可キナリ（713～719行目）

(1)は、冗長に改変されている。『谷村家本』には「方円なる地の中心に樹あれは」とある。(2)も、改変されているが、後の語句（「方円中ニ家有ルハ」）と表現が一致していない。『谷村家本』には「方円の中木は」とある。(3)も、誤って改変されているが、方円の中に家があっても「囚」の字にはならない。『谷村家本』には「人字」とある。

124 石ヲ立ル間事《あひたの》年来聞及《きゝをよふ》ニ従ヒテ善悪ヲ不論《ろんせす》記シ(1) 延円阿闍梨《は》石ヲ立《たつ》ル事相伝ヲ得タル人也 予又其《その》文書ヲ伝ヘ《え》タリ 如此ニ(×)(2)道ヲ営ミ大旨ヲ心得タリト雖《いへと》モ風情尽《つく》ル事 無クシテ心及《をよ》ハザル事多シ 但近年此(3)事知(4)レル人無シ 只生得ノ山水ナド《なんと》ヲ見タルバカリニコソ(5) 高陽院殿修造ノ時石《も》ヲ立《たつる》人皆ウセテ適《たまたま》マサモヤトテ召シツケラレタリシ者《も》イト御心ニ不叶シテ(6)宇治殿御ミヅカラ御沙汰有リキ「其(7)時石ヲ立ル事予ヒトリ一向奉行シ侍ヘリキ」其間(8)（640～659行目）

(1)は、文が途中で切り捨てられている。『谷村家本』には「記置ところなり」とある。(2)は、余計な語句が付け加えられている。斯くの如くに精励したのは、抽象的な道ではなく、その文書に説かれている具体的な庭のつくり方だ。『谷村家本』には、ここは「あひいとなみて」としか書かれていない。

(3)は、改変されている。『谷村家本』には「近来」とあり、最初の文の「年来」と関連づけられている。

(4)は、ここに省略があるので、誰も何も知らないことになっている。『谷村家本』には「委」とある。

(5)も、文が途中で切り捨てられている。『谷村家本』には「みたるはかりにて禁忌をもわきまへすをしてする事にこそ侍めれ」とある。(6)は、短く改変されているので、なぜ宇治殿が直々に沙汰する羽目になったのかが分かり難くなっている。『谷村家本』には「かなはすとてそれをはさる事にて」とある。(7)も、誤って改変されている。「奉行」とは、上司の命令を受けて何かの仕事を任せられることを言うが、予が何から何までも悉く奉行したと言うのであれば、その予こそが「石ヲ立ツル人」と認められるので、宇治殿の出る幕はなかった筈だ。『谷村家本』には「其時には常参て石を立る事能々見き、侍りき」とある。(8)は、『山水抄』では、これ以降が欠文となっている。

125　一　前栽事

萩ハ階隠ノ脇妻寄ニ植ウベシ　又ハ中門ノ廊ノ内ノ(1)妻戸ノアトヲシニ植ウベシ　(2)南庭ノ面ヨリ築墻ノホトリニハ薄カルカヤ萩ラン紫菀ヤウノ高キ草ノアララカナルヲ植ヱテ其前ニ(3)桔梗女郎花牡丹ヤウノ物ヲ植ウベシ　(4)山池有ル所ナラバスベテ南面ニ眺望ヲ障フル程ノ(5)草木ヲ植ウベカラズ　瞿麦ハ坪若クハ(6)立蔀ノ内ノ方ナドニ宜シカルベシ

菊花ノ盛ニ掘移シテ植ウ事ハ所ヲキラハズ南庭モ中門廊内外コトニ好シ　花萎ミナン後ハ(7)晴ノ所ヲバ皆掘除クベキナリ（共に該当なし）

(1)の「アトヲシ」は意味不明。「アメヲチ」の誤写とすれば、妻戸の前方の雨だれの落ちる辺りを指すが、この「雨落」という語の初出は室町時代だと言う。(2)は、どこを指すのか分からない。「築墻《ついがき》」とは築地のことだが、寝殿造りのそれは、屋敷の四周に繞らすもので、南庭を画すものではない。また、以下の文のような定型的な植栽法も、この時代にあったとは思えない。(3)は、どんな物を言うのか分からない。桔梗と女郎花は、共に小さな花を付ける多年草だが、牡丹は、大輪の花を咲かせる落葉低木で、それ等とは共通性がない。(4)、寝殿造りの庭園は原則的に池や山があるものなので、それを知る者なら、こういう記述はしない。(5)は、見出しに「前栽」としたにも拘わらず、「草木」と書き換えている。この語は『谷村家本』『無動寺本』には使われていない。(6)の「立蔀」は、常設のものではなく、その時々に場所を選んで置かれるものなので、こんな植栽法はあり得ない。(7)も、どこを指すのか分からない。『山水抄』の編者は「晴」の意味をよく知らずに使っているようだ。また、そのよく分からない所以外の所も皆掘り除いておかないと、宿根草の菊は毎年時季が来ると勝手に生えてくるので、花の盛りに掘り移す必要がなくなってしまう。

以上のように、この条は、寝殿造りをよく知らない編者が後で付け加えたもので、種本にあったとは到底考えられない。『作庭記』の全編に亘って貫かれている基本理念は、作庭者の感性を尊重した自由度の高いものなので、その著者にしてみれば、「前栽」について言及することは特になく、この条は、「人の心に任す可し」としか書きようがなかっただろう。

校合が終わり、『山水抄』が如何に欺瞞に満ちた俗悪な書であるのかを知って愕然としたことと思う。これは、到底ひと廉の造園書などと呼べる代物ではない。一刻も早く庭園史上から抹殺すべき有害な文献と言わざるを得ない。これ以上、このような編者の戯れに付き合わされることは苦痛極まりないが、これが偽書だとは思われていないので、気を取り直して稿を進めたい。

『山水抄』は、「俊綱の日記」を基に再編された庭づくりの注釈書という意味合いから、同書には、編者の独善的な解釈による誤った改変が数多く為されているが、それ等を整理すると、以下のように幾つかのパターンに分類することが出来る。

(1) 省約

第1条の(4)「(其ノ)所々」、2条の(4)「補佐(ノ臣)」、17条の(3)「作リ(出ダシ)テ」、18条の(5)「山(ノ片側)」、23条の(3)「折(若シハ)撓ミテ」・(4)「(所ノ)アリサマ」、26条の(3)「高カラ(ズ繁カラ)ヌ」、35条の(2)「姿ニ(シテ)」・(3)「石モ(無ク植木モ)無クテ」、41条の(1)「如ク(ニシテ)」、46条の(4)「(繰り)懸タル」、48条の(1)「(滝ノ)面」、53条の(1)「(唐ノ)文」、54条の(1)「(不動)儀軌」、62条の(4)「(水ノ)水上」、63条の(1)「流シ(出ダシ)テモ」・(3)「彼山(ノ)キハ(ヘモ)」、68条の(1)「下ヨリ(出ダシテ)」、74条の(1)「其所(泉)ニ」、76条の(1)「(四方へ漏ラサズ)底へ漏サヌ次第ハ」、77条の(2)「塗ル(次第)」、78条の(2)「(モノ)恐ロシキ」、79条の(1)「(水)キハ」、81条の(1)「大小(石)ヲ」、88条の(1)「芝(ヲ)フセ

（ン庭ニ）ツヅカン所」、94条の(1)「臥セタル（石）」・(2)「（其ノ）石」、111条の(1)「（立）石ヲ」、114条の(3)「一本（ヅツ）」、116条の(3)「（樹ノ）直」

(2) **略省**

第1条の(8)「面白キ所々ヲ我ガ物ニ成シテ」、2条の(6)「山弱シト言フハ文ヘタル石ノ無キ所也」、18条の(4)「其ノ山ノ頂ヨリ裾様へ」、22条の(1)「数多」、23条の(1)「先ヅ」、29条の(1)「必ズ」、33条の(3)「少々」、40条の(1)「トカク」、41条の(2)「面」、55条の(1)「等」、65条の(2)「皆」、92条の(1)「多クノ」、101条の(2)「余ノ方ニモ」、102条の(2)「其ノ所ヲ」、124条の(4)「委シク」

(3) **短縮**

第5条の(1)「南庭ヲ置ク事ハ⬇庭ハ」、10条の(1)「又池並ビニ島ノ石ヲ立テムニハ⬇一　池ニハ」・(3)「立テ置キテ⬇シテ」、15条の(1)「是ヲ犯シツレバ主居留マル事無クシテ終ニ荒廃ノ地ト成ル可シト言ヘリ⬇犯之不吉也」、19条の(3)「庭ノ面ニハ⬇南庭ニ」・(5)「階ノ下ノ座等敷カム事⬇階下ノ座ノコト」、21条の(2)「大海ノ様大河ノ様山河ノ様沼池ノ様葦手ノ様等也⬇大海山河沼池芦手等ノ様也」、53条の(4)「四尺五尺乃至一丈二丈ヲヤ⬇其余ヲヤ」、55条の(2)「水路ニ少シヅツ左右ノ堤ヲ築キ下シテ滝ノ上ニ至ル迄⬇ツツミヲ少シヅツツキクダシテ」・(3)「四尺五尺ニハ何ドカ立テザラムゾト覚エ侍ル⬇ナドカ立テザラン」、75条の(1)「井ノ際ニ大キナル槽ヲ台ノ上ニ⬇フネヲ井ノキハニ」、80条の(2)「涼シカラシメムガ為也　軒長キ屋ハ夏涼シク冬暖カナル故也⬇涼シカランガ為メト云也」、92条の(2)「主常ニ病有リテ終ニ命ヲ失ヒ所ノ荒廃シテ必ズ鬼神ノ栖処ト成ル可シ⬇遂ニハ不吉也　処不久ト云ヘリ」、95条の(1)「魔縁入来ノ便リト成ル故ニ其ノ所ニ人ノ住スル事久シカラズ⬇魔縁入来ルタヨリトナル可シ」、116条の(4)「奉リテム⬇奉ン」・(5)「奉リ終ハリヌ⬇奉リキ」・(6)「カルガ故ニ此ノ所ヲ祇樹給孤独園ト名付ケタリ　祇陀ガ植ヱニシ孤独ガ園ト言ヘル心ナル可シ⬇故ニ祇陀ガ植木孤独ガ園ト云ヘル事有リ」、118条の(1)「楓様ノ夏木立涼シゲ成ラム木ヲ⬇カヘデナドヲ」、120条の(1)「若シハ時ノ権門ニ植ウ可キトカ⬇ノ門ニ可植也」、124条の(6)「適ハズトテ其レヲバ然ル事ニテ⬇不叶シテ」

(4)　付加

第1条の(3)「心ニ」・(7)「但昔ノ上手ノ石ヲ立タル所所併失畢」、8条の(1)「凡橋ハ筋違テ鷹ノ羽ヲウチワタシタル程ナラント見エタルガ面白キナリ」、12条の(3)「土ヲバ」・(6)「是ヨウ可意得意得也」、18条の(3)「少シ」、53条の(5)「滝ハ」、61条の(5)「此両所ノ例アナガチニ好ミ立可ラズ」、80条の(1)「月ニ登ル」、90条の(2)「水アレバ流ルト云事有リ」、96条の(2)「但椽ノ下ハハバカリ無シ」、98条の(2)「山ヨリ」・(3)「方ニ」、102条の(1)「ノ面白キ山水有ラン」、109条の(2)「同白虎ト云ヒナガラ北ヘヨリヌレバ□ハ福徳戸タル間未申ト云ル也」、124条の(2)「道ヲ」

(5)　恣意的な改変

第2条の(7)「此ノ故ニ山水ヲ為シテハ必ズ石ヲ立ツ可キトカ⬇依之山水ヲ成シテハ必石ヲ立可クシテ久シカラシメンガ為メナリ」、5条の(3)「八九丈ニモ及ブ可シ　拝礼ノ事用意有ル可キ故也⬇拝礼節会ニ立ツ人下襲ノ裾濡ザラン程ヲハカラフ可キナリ」・(4)「一町ノ家ノ南面ニ池ヲ掘ラムニ庭ヲ八九丈置カバ⬇一町ノ家ヲ造ンズルニ南面ニ池ヲホリテ庭ヲ八九丈置カバ」、6条の(2)「後ロニ楽屋ヲ有ラシメム事⬇島ノ楽屋ノ幄ウタシムル事」・(5)「其ノ所ヲ措キテ不足ノ所ニ⬇後ノ水ニカカランヲバカヘリミズ幄ノ前ニ島ヲ多ク有ラシメンガ為メ後ノ不足ニ」、8条の(3)「階隠ノ間ノ中心ニ当ツ可カラズ⬇階隠ノ正方ニ不可向」、11条の(4)「猶面白ク見ユル也⬇湿ヒノ時ノ荒磯ノ如クニ見エテ面白キ也」、12条の(5)「刻ミ成ス可キ也⬇キザミナシ底サマヲバ切立切立土ヲ残シ置クベキ也」、18条の(9)「切リ掛ケタル体ニ為可キ也⬇切懸タリケルカト思ボシク」、24条の(1)「石ノ良キ也⬇石ヲ立ツベキナリ」、25条の(2)「溝ノ水ノ入リ集マレル溜マリ水也⬇溝小池等ノ入集ルナリ」、42条の(1)「左ノ方ノ脇石ノ上ニ添ヘテ良キ石ノ立チ上ガリタルヲ立テ右ノ方ノ脇石ノ上ニ少シ低ニテ左ノ石見ユル程ニ立ツ可シ⬇左ノ方ノ脇石ノ立揚リタルヲ右ノ方ノ脇石ヨリ少シ高クテ見エル様ニ立可シ」、54条の(2)「我ガ身ヲ見バト誓ヒ給フ事ハ必ズ青黒童子ノ姿ヲ見奉ル可シトニハ非ズ　常ニ滝ヲ見ル可シト也　不動種々ノ身ヲ現シ給フ中ニ滝ヲ以チテ本ト為ル故也⬇不動種々ノ身ヲ現シ給フ中ニ以滝為其一　必青黒童子ノ姿ヲ見タテマツレトニハ非ズ　常ニ滝ヲ見ル人家有利益歟」、60条の(2)「逆流ノ水也ト雖モ東ノ方ニ在ラバ吉ナル可シ⬇東ヘ迎ヘタラバ逆流ナリトモ最吉也」、74条の(5)「石ヲ蓋覆ヒニ伏ス可シ若シハ能ク能ク焼キタル瓦モ悪シカラズ⬇石ヲ立渡シテ蓋ニモ石ヲシテ其上ニ土ヲ埋ムベシ　又ヨクヨク焼キタラン瓦悪カラザランカ」、76条の(3)「底ヘモ入レズ只並べ置キテ⬇底へ透間ナク据ヱ置キテ」、81条の(2)「頭ヲ上ニシ⬇頭ヲ上ニ伏セ」、98条の(4)「偏ニ山ヲ有ラシメテ築キ塞ガム事ハ憚リ有ル可シ⬇路ナクシテツキフサグ事ヲ憚ル可キナリ」、100条の(2)「又戌亥ノ方ニ水路ヲ通サズ　福徳戸内ナルガ故ニ流水殊ニ憚ル可シト言ヘリ⬇一　家ニ水ノ道ヲ通スベカラズ　福徳戸内ナルガ故ナリ」、102条の(3)「写シ留メム事⬇ウツシ留メテ常ニ向ハン事」、103条の(1)「霊石ハ⬇石ヲ取時霊石ヲ除ク事ハ」、107条の(1)「池ハ浅ク在ル可シ⬇一池ハイタク深カルベカラズ　四五尺ニハ過クベカラズ」、110条の(1)「南西へ向カヘテ諸悪気ヲ濯ガシムル也⬇悪気ヲススギ出シテ白虎ノ路へ出ス可シ」、114条の(2)「等ハ必ズ有ル可シ⬇ナキハ悪カル可シ」・(5)「イトイトヲカシ⬇有ル可ラズ」、119条の(2)「槐門ト名付クル事⬇槐門ト云フ　槐ハ懐ナリ懐ノ字」、123条の(1)「方円ナル地ノ中心ニ樹有レバ⬇方円ナル地並小坪ナドノ中心ニ樹有ルハ」、124条の(7)「其ノ時ニハ常ニ参リテ石ヲ立ツル事能ク能ク見聞キ侍リキ⬇其時石ヲ立ル事予ヒトリ一向奉行シ侍ヘリキ」

(6)　件の改変

第1条の(2)「姿⬇寛狭」、2条の(2)「時⬇所」、6条の(1)「半バ⬇中央」・(3)「島⬇小島」・(4)「敷キ続ク⬇布キ置ク」、8条の(4)「筋違ヘテ⬇少シヒキ違ヘテ」、16条の(4)「其ノ中ニ⬇最中ニ」、17条の(2)「其ノ枯山水ノ様ハ⬇其姿ハ」、18条の(2)「為《せ》ム⬇見㑨サン」・(6)「間⬇時」・(7)「掘リ現サレタリケル⬇掘顕シタリケル」、19条の(1)「小山の崎⬇小山ノスヱ」・(2)「束柱ノ辺⬇束柱ハシラノ角」・(4)「植ゑム事⬇ウヱシムル事」、23条の(7)「白洲⬇白浜」、25条の(1)「様ノ水草⬇等ノ草」、33条の(4)「砂子⬇砂」、35条の(1)「吹キ靡カサレテ⬇吹ナガサレテ」、38条の(1)「風流⬇風情」、41条の(4)「石マセニ⬇石マゼニ」、42条の(2)「右ノ次第⬇前ノ次第」・(3)「小背⬇尾背」、43条の(3)「左右落横落⬇横落左右落」（同様の倒置は2条にもある）、46条の(1)

「石ノ襞ニ従ヒテ⬇ヒタヒニ従ヒテ」、50条の⑴「数多有ル石⬇アマル石」、53条の⑵「侍ルトカ⬇侍ナリ」、56条の⑴「余リ⬇バカリ」・⑵「一ニハ・一ニハ⬇二ニハ三ニハ」、61条の⑵「霊光ヲ放ツ五葉ノ松有リテ⬇霊光カガヤク松有リ」、62条の⑴「一尺ニ三分一丈ニ三寸十丈ニ三尺ヲ⬇一丈ニ二三寸十丈ニ四五寸」、63条の⑷「向カヘテ⬇迎ヘテ」（同様の例は57・59条にもある）、64条の⑴「山端⬇野筋ノ末」、65条の⑶「水ノ曲ガレル所⬇水ノ流ル所」・⑷「立テツレバ⬇立ルハ」、66条の⑶「落チタル⬇受タル」、67条の⑴「落トシツレバ⬇落レバ」・⑶「立テツレバ⬇立レバ」、71条の⑴「下嫌ナルヲ⬇シタアヤナルヲ」、72条の⑴「四尺五尺⬇四五六七尺」、74条の⑶「中ヘ⬇底ヘ」、75条の⑵「槽ノ尻⬇船ノ下」、76条の⑵「入レ塗リテ⬇入固メテ」、78条の⑴「小暗ク見エテ⬇小闇シテ」、79条の⑵「絶ユル⬇断ル」、81条の⑶「要事⬇用」、83条の⑴「顧ミル⬇ハカリ見」、86条の⑵「家群ノ⬇家ムラムラ」、88条の⑵「境⬇境界」、96条の⑴「家⬇椽」、105条の⑵「生ヒヌルハ⬇生ヌレバ」・⑷「立テモ臥セモ為ムモ⬇立テモシ臥セモスル」、111条の⑵「向カフ可シト言ヘリ⬇向フ可キナリ」、113条の⑴「或人ノ曰ク⬇古人云」・⑵「有レド⬇有トモ」・⑶「立ツルニハ⬇立タルニハ」、114条の⑴「立ツルニ⬇立時」、116条の⑷「奉リテム⬇奉ン」、119条の⑴「槐⬇之」・⑶「仕ウマツラシム⬇ツカフマツル」、120条の⑵「植ウル事⬇有ル事」、122条の⑴「当タル所ニ⬇当リテ」・⑵「憚ル可シ⬇憚有リ」、123条の⑵「木有レバ⬇木ヲ置キテハ」・⑶「人ノ字⬇家」、124条の⑶「近来⬇近年」

以上が、ここに分類した諸改変の内訳で、それ等を集計すると、それぞれ次のような数になる。⑴の省約は、語句の一部を削り取って無理に短く切り詰めることを言い、これは、全部で三十例が認められる。(2)の略省は、必要な語句を勝手に取り除くことを言い、これは十五例ある。(3)の短縮は、長い語句を無理に短く書き改めることを言い、これは二十例ある。(4)の付加は、不要な語句を勝手に付け加えることを言い、これは十六例ある。(5)の恣意的な改変は、本文の内容を自分の都合の良いように書き換えることを言い、これは二十八例ある。(6)の件の改変は、編者が自著の特異性を際立たせるため故意に行った不正な改変のことを言い、これは、六十八例が認められる。

この分類の内、(6)の件の改変はその特殊なものと思われるかも知れないが、この手の不正な改変はこれに限られるものではなく、別の項目に分類されてはいるが、(5)の恣意的な改変も、これと何ら変わるものではなく、延いてはその他の改変(1)〜(4)も、皆この件の改変の、形態の異なる変種と見做すことが出来る。

この手の不正な改変は、細かいものは未だあるが、それ等を除くと、全部で百七十七例が認められる。これは、ほぼ一条に一・五回の頻度で為されていることになり、そのため、改変されていない条文を探し出すことの方が難しいようにさえ見える。……前々から嫌な予感はしていたが、『山水抄』には、やはり、このような卑劣な罠が全編に亘って張り廻らされていたのだ。(注)「昔のことを調べるのに使われる文書《もんじょ》は、偽物もなかなか多くて警戒を要する。あとからいかにも古いもののように見せかけて作る偽物もあれば、文書を作るときにすでにインチキな内容を盛りこんで、人を欺そうとするものもあって、うかつに信用はならない。」(土田直鎮『王朝の貴族』中央公論社)

ところで、その『山水抄』の編者だが、この人物は、造園に関係のある者でもなければ、それに関心のある者でもない。そのことは、この者が種本である「俊綱の日記」を全く理解していないことからも分かる。もし、この男がそれを間違いなく理解していたのであれば、彼はその内容を分かり易く正確に伝えようと腐心したことだろう。技術書は本来そうあるべき物だからだ。……ところが、不都合なことに（いや、それが当人にとっては好都合なのだが）、この編者は、お世辞にもその内容を理解していたとは言えない。だから彼は、種本の内容を故意にでも歪めて分かり難くすれば、自著に特異性や深奥性が得られるに違いないと考えたのだ。

また、この種本として使われた「俊綱の日記」は、編集の済んだ出版物ではないが、それに近い完成度を持っている。だからと言って、それをそのまま書き写したのでは只の写本にしかならない。従って、それを自分の著作として世に出すためには、即ち、盗作であることをカムフラージュするためには、『山水抄』の編者は、それに出来るだけ多くの改変の手を加える必要があったのだ。たとえ、それが誤りであろうとも。そして、それを可能にしたのは、この人物が造園関係者ではなかったと言うことであり、そのため、これ等の夥しい改変の悉くが誤りであるとは、当の本人には分かりようもなかったからなのだ。

また更に不幸なことには、たとえ、それ等の改変の悉くが誤りであったとしても、それは、当人にとってはどうでも良いことだった。何故なら、この男が『山水抄』を著した最大の理由は、平安時代の造園技法を後世に伝えたいという高大な使命感などではなく、ただ単に、編者として自分の名前を世間に知らしめたいという、卑小な売名行為でしかなかったからなのだ。

なお、この編者の名前には「法印」が冠されているが、読解力の低さ・倫理感の無さ・或いは「仏方東漸」の改変（第61条）等から、この人物は、高僧は固より出家ではないだろう。恐らく、何の事績もない工人階層のかなりの俗物と思われる。

如上の考察により、『山水抄』の素性が白日の下に曝されたので、今度は、三書の校合をして、それぞれの書のそれぞれの由来を尋ねてみたい。但し、校合をするとは言っても、三書の校合は第一部の所で既にそれとなく済ませておいたので、ここでは、それ等の中から三例だけを取り出して、その比較をするに止めたい。なお、考察を容易にするため、ここでは『谷村家本』の平仮名は片仮名に改めた。

● 例文（1）

(C)滝ノ落様ハヤウ〳〵ニアリ(1)人ノコノミニシタカフヘシ（『無動寺本』第5条）

(B)滝ノ落様ハ様々有リ人ノコノミニ従フ可シ（『山水抄』第43条）

(A)滝ノオチヤウハ様々アリ人ノコノミニヨルヘシ(2)（『谷村家本』251～252行目）

（種本）「滝ノ落様ハヤウ〳〵ニアリ人ノコノミニシタガフベシ」

この条で、三書に異同の見られる所は二箇所ある。波線の(1)は、『無動寺本』では「名詞＋格助詞＋動詞」

という正格の語法が採られている。『山水抄』は、待ってましたとばかりに、この格助詞「ニ」を省約して件の改変を行っている。『谷村家本』は、表現が少し硬いので、「様々」を副詞化して、この「ニ」を削除している。(2)は、『谷村家本』では、これも表現が少し硬いので、「よるへし」に変えている。依って、この条は、種本には上記のように書かれていたと推定できる。また、同様の手続きにより、次の二例もそれぞれ種本の記述内容を推定することが出来る。(但し、解説は省く。)

● 例文(2)

(C)離石ハ荒磯ノ崎島崎ニ可レ立也　石ノ根ニハ水ノ上ヨリ不レ見程ニ大ナル石ヲ二三ナラヘテ掘居テ其中ニ立テヽツメ石ヲツヨクカウヘシ(19条)

(B)ハナレ石ハ荒磯ノサキ島崎ニ可立也　離石ノ根ニハ水ヨリ見エザル程ニ大ナル石ヲ両ツ番ツ三鼎ニ掘スヱテ最中ニ立テツメ石ヲツヨクカフベキナリ(16条)

(A)ハナレイシハアライソニオキ山ノサキ島ノサキニタツヘキトカ　ハナレ石ノ根ニハ水ノウヘニミエヌホトニオホキナル石ヲ両三ミツカナエニホリシツメテソノ中ニタテヽツメ石ヲウチイルヘシ(75~79行目)

(種本)「離石ハ荒磯ノ崎島崎ニ可立也　離石ノ根ニハ水ノ上ヨリ不見程ニ大ナル石ヲ両番三鼎ニ掘居テ其中ニ立テツメ石ヲツヨクカウベシ」

● 例文(3)

(C)池モナク遺水モナキ所ニ石ヲ立事アリ　是枯山水ト号ス　其カラ山水ノヤウハ片山ノ岸或ハ野筋ナトヲ作出シテソレニトツキテ石ヲ立へキ也（21条）

(B)池モナク遺水モ無キ所ニ石ヲ立ル事有リ　是ヲ号枯山水　其姿ハ片山ノ岸或ハ野筋ナドヲ作リテ其ニ取付キテ石ヲ可立也（17条）

(A)池モナク遺水モナキ所ニ石ヲタツル事アリ　コレヲ枯山水トナック　ソノ枯山水ノ様ハ片山ノキシ或野筋ナトヲツクリイテヽソレニツキテ石ヲタツルナリ（80～83行目）

（種本）「池モナク遺水モナキ所ニ石ヲ立ル事アリ　是ヲ枯山水ト号ス　其枯山水ノヤウハ片山ノ岸或ハ野筋ナドヲ作出シテソレニトリツキテ石ヲ立べキ也」

このようにして三書の記述内容を注意深く比較対照すれば、『無動寺本』に記載のある条文に関しては、種本に書かれていたと思われる元の記述、即ち「俊綱の日記」の原文を忠実に復元することが出来るだろう。しかし、今はそれをする時ではなく、また、それをするだけのメリットがあるとも思えないので、ここでは、それを断念して先へ進むことにする。

ところで、こうして三書の校合をしていると、奇妙な現象のあることに気づく。ここに使われている三書には、それぞれの立場からそれぞれの改変が為されているが、その一書に何らかの改変のある時、不思議なことに、他の二書の記述内容は常に変わらないのだ。分かり易く言うと、A書に改変のある時、B書とC書の記述内容は一致し、B書に改変のある時、A書とC書の記述内容は一致し、C書に改変のある時、A書とB書の記述内容は常に一致しているのだ。その例は、校合の注の上部に略号を使って示しておいたが、それに依ると、BCは十九例、ACは二十九例、ABは三十例が認められる。これに反し、他の二書の記述内容の変わるもの、即ち、三書の記述内容のそれぞれ異なるものは、12の(2)・21の(3)・25の(7)・29の(1)の四例が認められる。しかし、よく見ると、これ等の相違は誤写などによって齎された後天的なものであって、当初からのものとは考えられない。

と言うことは、各書のそれぞれの改変を皆元に戻せば、三書の記述内容はすべて一致することになる。また、この事から、二書の記述内容が一致する時、他の一書に改変のあることが分かる。依って、第一部の結論で『山水抄』と『無動寺本』が共に同一の種本を基に構成されているとしたが、ここでは、それのみならず、これ等の三書の何れもが、同一の種本を基に構成されていると結論付けることが出来る。そして、その種本として使われた三書に共通のテキストが、『山水抄』に言う「俊綱の日記」であることは言を俟たないだろう。(注)この結論は前々から想像が付いていたので、本書では「種本」という言葉を早い段階から使うようにした。初めは戸惑うかも知れないが、再読した時、その方が分かり易いと思ったからだ。

如上の考察から、ここに使われている三書のそれぞれの由来を推理すると、次のようなことになる。

『谷村家本』は、この「俊綱の日記」を種本とし、それに修正や推敲を加えて一書に纏め上げたもの。従って、その著者は、この日記の当時の所有者ということになるが、その人物が、この日記の筆録者と同一かどうかは分からず、また、それが俊綱のものであるという確証も得られていない。しかし、この人物は庭づくりに精通した者と思われ、その故、この書は正確に書かれていて完成度が高いと言うことが出来る。但し、この日記には、延円を通して相伝された古い造園書からの秘伝なども多く含まれていると思われるので、その全てをこの著者一人の功に帰することは出来ないだろう。

『山水抄』は、この「俊綱の日記」を種本とし、それに恣意的な改変や捏造を行って、別の造園書であるかのように装ったもの。これは、門外漢の編者が功名心から思いついた悪巧みなので、その結果は、言うに及ばず惨憺たるものとなり、もはや一廉の造園書などと呼べる代物ではない。その編者の素性は不明で、この者が何処でこの日記を手に入れたのかも分からない。また、その成立年代も不明だが、この書には『山水並野形図』からの影響が窺われるので、同書の成立以降ではないかと思われる。これが、一刻も早く庭園史上から抹殺すべき有害な文献であることに変わりはないが、この書には、たった一つだけ大きな功績がある。それは、『作庭記』にその草稿に当たる種本の存在したことを暗に示してくれたことであり、そして、それが真実であることは、これ迄に多くの例証を見て来たので、間違いないと言えるだろう。

ところで、その種本として使われた「俊綱の日記」のことだが、『山水抄』が編纂された後、その編者はこれを一体どうしたのだろうか。学恩に感謝して大切に保存しておいたのだろうか。……いや、不誠実なこの男に限ってそんな事をする筈がない。種本が同時に存在すれば、それと比較されて『山水抄』の嘘が皆ばれてしまうことは明らかだ。従って、彼は何らかの方法できっとそれを処分したに違いない。それも、至って杜撰なやり方で。……

『無動寺本』は、こうして散逸した日記の残片を、何者かが見つけ出して書き写したものと考えられる。そのため、この書には佚文が多く、抄本のような性質を持っている。これを、いつ誰が初めに書き写したのかは分からないが、この書は、原則として私見を交えずそのまま書き写されているので、三書の中では、その日記の原初の形を留めた記述（校合では「プリミティブ」という表現を使った。）が多く残されていて、貴重な存在と言うことが出来る。但し、この書には文章の不備も多く、それを繕うために想像で補ったような改変のあることは、信頼性を損なうので残念と言う他はない。

以上で、ここに使われている三書の由来は概ね理解できたと思うので、次に、現在我々が『作庭記』と呼んでいる本邦最古の造園書について考えてみたい。

これは、前記の由来と重複するが、「俊綱の日記」を種本とし、それに修正や推敲を加えて一書に纏め上げたものを言う。そして、その最古の写本とされるのが『谷村家本』と言うことになる。但し、ここで注意を要するのは、このように、『作庭記』と『谷村家本』は同一の造園書の原本と写本という関係になるが、『作庭記』と「俊綱の日記」は同一のものではないと言うことだ。詳述すると『作庭記』は、この日記を種本とし、その内容をよく吟味して、直すべき所は直し削るべき所は削るなどして一廉の造園書に仕上げようとしたものを言う。と言うことは、『山水抄』は、「俊綱の日記」を再編したものであって、『作庭記』を再編したものではないと言うことになる。従って、『作庭記』には、『谷村家本』系統の転写本が存在するだけで、それ以外の如何なる系統の異本も存在しないことになる。

では、その最古の写本とされる『谷村家本』は、『作庭記』の原本を忠実に臨写したものなのだろうか。残念ながら、『作庭記』の原本は現存しないので、それは分かりようもないが、『谷村家本』の構成に特に不自然なところは見られないので、これは、おおむね原本をそのまま書き写したものと考えて良いのではないかと思う。但し、部分的には不自然な記述も多く見られるので、それ等を五つだけ指摘して、簡単な評解を付けておきたい。

(1) 殿舎を造る時其の荘厳の為に山を築きしと、是も祇園図経に見えたり。(12〜13行目)

この条は、いつ何処で庭づくりが始まり、それがどういう経路を辿って我が国に伝えられたのかを、祇園図経を論拠に示そうとしたものだが、種本に多くの脚色があった為か、『作庭記』の著者は、この条文の完成を先送りにしてしまったようだ。これの推定案は第三部に示しておいた。

(2) 山水を為して石を立つる事は深き心有る可し。或人の言ふ、土を以ちて帝王と為、水を以ちて臣下と為。故に、水は土の許す時には行き、土の塞ぐ時には止まる。一に言ふ、山を以ちて帝王と為、水を以ちて臣下と為、石を以ちて輔佐の臣と為。故に、水は山を便りとして従ひ行く者也。但し、山弱き時は必ず水に崩さる。是則ち、臣の帝王を犯さむ事を表せる也。山弱しと言ふは支へたる石の無き所也。帝弱しと言ふは輔佐の臣無き時也。かるが故に、山は石に依りて全く、帝は臣に依りて保つと言へり。此の故に、山水を為しては必ず石を立つ可きとか。（360～372行目）

この条は、庭に石を組むべき理由を述べたものであって、遣水の施工法とは何の関係もない。これが何故ここに紛れ込んだのかは分からないが、これは好ましい配置とは言えない。12～13行目の条に庭づくりの起源が示されており、それを承けて、その庭を造る際になぜ石を組まねばならないのかと言う論拠を示そうとしたものなので、これは、この未完の条の後に移すべきだろう。

(3) 石を立てむには、先づ左右の脇石前石を寄せ立てむに思ひ合ひぬ可からむ石の才有るを立て置きて、具への石をば其の石の乞はむに従ひて立つる也。（465～468行目）

この条には「具石」という言葉が使われているが、唐突に現れるので、何を意味するのか分かり難い。これが、447～451行目に記述のある「大小の石」を指していることは間違いないので、これを先行する条として、本条はその後に移すべきだろう。現在ここにある条（452～454行目）は、その内容がこれと重複しているので、削除しても差し支えないだろう。

(4) 弘高の言ふ、石は荒涼に立つ可からず。石を立つるには禁忌の事等侍る也。其の禁忌を一つも犯しつれ

ば、主必ず事有りて其の所久しからずと言へる事侍りと。（563～565行目）

この条文がここにあるのは不適当だ。これは、禁忌の項目を導く前文に相当するものなので、本来なら、507～510行目の条の前に来なければならない。現在ここには別の条文（503～506行目）があるが、これは、本条を下敷きにして書き改めたものとも考えられる。依って、この条は、「弘高」という大家の威光を失うことにはなるが、その内容が重複するので削除した方が良いだろう。

なお、この禁忌の項に採録されている条文は三十一もあるが、その中には、石組に関するものではないものや、禁忌とは言えないもの等も多く含まれている。しかし、無秩序に配列されているので、これ等は適正な位置に整理し直す必要があるだろう。

(5) 唐人が家に必ず楼閣有り。高楼は然る事にて、打ち任せては軒短きを楼と名付け、軒長きを閣と名付く。楼は月を見むが為、閣は涼しからしめむが為也。軒長き屋は夏涼しく冬暖かなる故也。（788～793行目）

中々の名文で捨て去るには忍び難い。……とは言え、その内容は庭づくりとは何の関係もない。『山水抄』に同様の記述があることから、これが後補でないことは分かるが、「雑の部」として特に取り上げる程のものとも思えないので、むしろ削除した方が良いだろう。この条文の真の趣意は第三部に示しておいた。

本研究もいよいよ大詰めを迎えるが、最後に、『作庭記』の原本について、少し考えを廻らしてみたい。

この秘伝書は、王朝時代の貴族によって編纂されたと言われるので、もしその原本があるとすれば、それは格調のある漢文で書かれていたと思われる。そして、それには書名や著作者名なども、きっと記されていたに違いない。

ところが、その最古の写本とされる『谷村家本』には、書名や著作者名は無く、また、それは漢文で書かれてもいない。その文体は、全体的に平仮名を多用した和文で書かれていて、部分的に漢文が混じると言う、不可解なものとなっている。これは、漢文を読み下した後の表記と見ることも出来るし、或いは、漢文に直す前の表記と見ることも出来る。このどちらが正解なのかは分からないが、少なくとも、これが、原本をそのまま書き写したものでないことだけは間違いないと言えるだろう。(注)「漢字仮名まじり、または仮名書きの文章は、漢文で記してあったもの、あるいは漢文で記すべきであったものを、漢字仮名まじりや仮名書きで記したものである。」(苅米一志『古文書・古記録訓読法』吉川弘文館)

また、『谷村家本』には、このような文体の不統一や書名・著作者名の不明記の他に、未完の条や類似の条、或いは不適切な配列といった編集の行き届かない所の多くあることは、前の論考にその一部を指摘しておいたので、これも間違いないと言えるだろう。

これ等のことから類推すると、現在我々が『作庭記』と呼んでいる本邦最古の造園書は、実は、脱稿しておらず未完成だったのではないかと言う疑念が持たれる。その編纂者が誰なのかは今後の主要な命題の一つになるが、例えば、その者が物故する等の事があって、それが完成しなかったのではないかと想像される。

そして、その未完のまま残された稿本を次の時代に九条良経（一一六九—一二〇六）が書き写し、それを転写したものが『谷村家本』ではないかと考えられる。（この間の事情は、『谷村家本』に「後京極殿御書」と記されている。また平仮名表記は、その時に良経が書き換えたものだろう。）従って、『作庭記』の研究では、この『谷村家本』が最も重要な文献であり、『群書類従本』や『宮内庁書陵部本』といったその他の同系統の写本が、その副次的な資料と見做すことが出来る。

『谷村家本』・『山水抄』・『無動寺本』　本書では、今に伝わるこれ等三種類の写本を順次校合する形で『作庭記』の研究を進めて来た。そして、その目的は、巻頭に述べた言葉に違わず、偏にその原本を復元することにあったが、如上のように、平安時代後期の成立と見られるこの秘伝書は、未完である可能性が極めて高く、その原本（決定版）は初めから存在しないと言う、思いも寄らない結論を導くに至った。

※『山水抄』の原本は存在しない。烏丸光広と古筆了太の手になる写本も所在不明で、先学の小沢圭次郎氏が謄写したものだけが残されていると言う。その全文は『古代学論集』（財団法人古代学協会）の中に収められているので、取り寄せて見ることが出来るだろう。

三　『作庭記』をより深く理解するために

1

一、地形に依り池の姿に従ひて寄り来る所々に風情を廻らして、生得の山水を思はへて、其の所々は然こそ在りしかと思ひ寄せ思ひ寄せ立つ可き也。（2〜5行目）

この条は、一般に庭づくりの基本理念を示したものと思われているが、これは、そのようなものではない。接続助詞の「して」は、主に漢文訓読系の文に用いられ、この場合は、上の文を軽く受けて下の文に続けているだけで、前後の文に直接的な繋がりがある訳ではない。つまり、この条は、趣意の異なる二つの文が一つに合体して書かれていると見るべきであり、これが見抜けないと、その趣意を正しく摑むことは出来ない。

「生得の山水を思はへて」は、前著に示したように、石を組む時、先ずその下準備として、参考になりそうな自然の風景を予め頭の中に用意しておくということ。即ち、石を組む場合、自然が最良の教師だという事だが、今はカメラがあるので、もう生得の山水を思わえる必要はなくなってしまった。

● 一、国々の名所を思ひ廻らして、面白き所々を我が物に成して、大姿を其の所々に擬へて和らげ立つ可き也。（9〜11行目）

この「面白き所々」とは、自然の景勝地を指しているのではない。歌枕の虚構性については前著に自論を展開したが、そこに引用した論文の特に第三番目に挙げられている事柄、即ち、「その地名が何か人事的なものを連想させる」ということ。分かり易く言うと、貴族社会の中で取り分け話題性のある名所ということだ。

● 殿舎を造る時其の荘厳の為に山を築きしと、是も祇園図経に見えたり。(12~13行目)

この条は、『祇園図経』の説話から庭づくりの起源を紹介しようとしたものだが、相伝した書に脚色が加えられていた為か、『作庭記』の著者は、それを嫌って全文の掲載を躊躇したようだ。『山水抄』『無動寺本』の記述から、その骨格は次のようなものと推定できる。「殿舎を造る時、其の荘厳の為に池を掘り山を築き水を流す事は、天竺より起こり唐土より伝はりたる也。須達、精舎を造りて釈尊に奉らむと為し時は、八大竜王来たりて山水を為して、山の頂より水を落とし獣の口より各四方へ流し下す事、四大河の如し。其の精舎の前には橋を渡せり。是も祇園図経に見えたり。」

(注)傍線部の順序が前掲の二書では逆になっているが、これは、モデルとなった精舎の池が山頂にあった為と思われる。

なお、前著に「澂照大師」とあるのは、南山律宗の開祖で仏教史家としても高名な「道宣《どうせん》」(五九六~六六七年)のことで、本文の「祇園図経」は、『中天竺舎衛国祇洹寺図経』(「祇洹」は道宣自身の用字)のことだと言う。但し、律師が感通によって著したとされるこの書は、概ね、霊裕の経論や玄奘などからの伝聞を基に構成されたもので、「祇園図経」と言うのは名ばかりで、その実体は、摩訶陀国のナーランダ寺院を模写したものだそうだ。（藤善眞澄『道宣伝の研究』京都大学学術出版会）

●池を掘り石を立てむ所には、先づ地形を見立て、便りに従ひて池の姿を掘り島々を造り、池へ入るる水落ち並びに池の尻を出だす可き方角を定む可き也（14～17行目）

この条は、造園工事現場に着いたら、まず現場の地形をよく観察し、そこの地形の特徴を生かして、池や山（注）を造り水の出入口の方角を決めるという趣旨。即ち、現場の地形に従って地割の基本計画を立てるという事だが、これが、この時代も庭づくりの第一歩だったようだ。

（注）41～43行目の解説（130～131ページ）参照。

●南庭を置く事は、階隠しの外の柱より池の汀に至る迄六七丈、若し内裏の儀式ならば八九丈にも及ぶ可し。拝礼の事用意有る可き故也。但し、一町の家の南面に池を掘らむに庭を八九丈置かば、池の心幾許成らざらむか。能く能く用意有る可し。堂社等には四五丈も難有る可からず。（17～23行目）

階隠しの柱は左右に二本ある。これが、そのどちらかを指すのであれば、例えば「西の柱」（41行目）等と書かれていなければならない。しかし、そうはなっていないので、これは、特にその一方を指しているのではない。従って、本文に「六七丈」とあるのは、前著に図示したように、階隠しの柱のある辺りを起点として、そこから池の水際の辺りに至るまでの広い二次元の空間を指していることになる。

この「堂社」は、「堂舍」の誤字で、寝殿造りの邸内に造られた持仏堂などを指す。『作庭記』は、一町邸を基準とする寝殿造りの庭のつくり方を説いたもので、社寺への配慮は為されていない。また、この時代の寺院などは郊外の広い所に造られたので、そこでは、前庭を四、五丈の狭さに制限する必要もない。

なお、平安京建造時の造営尺は、前著に杉山信三氏の提唱されたものを載せておいたが、その後、多くの研究や発掘の成果から推定案が出され、現在は「二九・八四七」センチメートルという数値が採用されているそうだ。

●又、島を置く事は、所の有様に従ひ、池の寛狭に依る可し。（24～25行目）

この時代の園池は多島式だと思い込んでいる人がいれば、それは間違いだ。本条の記述から、それを裏付けることは出来ない。太田静六氏に依れば、寝殿造りの池泉は殆どが一島で、三島もあるのは、二町邸の東三条殿を除いて他に例を見ないという。また、八町の敷地を有する神泉苑の園池でさえも、古図には一島しか描かれていない。

それはともかくとして、池の上に仮設の床板を敷き渡し、楽屋を島の外へ追い遣ってまでして、その島の前方部を広く見せようとするのは何の為なのだろうか。本条の文末は「承り置きて侍る」と締められていて、その理由を『作庭記』の著者もよく知らないようだ。

● 又、反橋の下の晴れの方より見えたるは世に悪き事也。然れば、橋の下には大きなる石を数多立つる也。（36〜38行目）

寝殿造りの住宅では、儀式用の公的な場（晴）と生活用の私的な場（褻）とが使い分けられていた。この分化は、貴族の住居が儀式の場へと推移するのに伴って生じたもので、『春記』に「以西為礼、以東為礼」とあることから、十一世紀前半頃には定着していたと見られている。

● 又、島より橋を渡す事は、正しく階隠の間の中心に当つ可からず。筋違へて、橋の東の柱を階隠しの西の柱に当つ可き也。（38〜41行目）

この橋を筋違える理由は、左右相称を嫌う日本固有のデザイン理念などに依るものではない。前著にも示したが、「階隠の間《はしがくしのま》」は、天皇の行幸時には昼の御座《ひのおまし》とされたり、上皇や親王などの座の設けられる貴賓席なので、橋をその中心に当てると、貴人に尻を向けたり目線が合う等の不都合が生じるからだ。

● 又、山を築き野筋を置く事は、地形に依り池の姿に従ふ可き也。（41〜43行目）

この条文はよく吟味する必要がある。何故なら、池の姿に従って山を築くことは難しいからだ。即ち、池を掘ればその周りに大量の土砂が積み上げられる。その状態で池の姿を見ることは出来ないので、その為には、一旦それを何処かへ移さなければならない。しかし、山はその残土を利用して造られるので、池を掘る前に決めておいた方が遥かに能率的だ。野筋は、山とは違い僅かな土があれば足りると思われるので、山を築いた後、池の姿に従って置くことも可能だろう。だとすれば、本条の趣意は、地形に依って山を築き池の姿に従って野筋を置く、という事なのだろう。

本文の14～17行目に地割の基本計画が述べられているが、そこに山のことは触れられていない。池の姿を掘ることと島々を造ることは一連の工程なので、この条は、「先づ地形を見立て、便りに従ひて池の姿を掘り山々を築き」とすべきだっただろう。この不備を補うために、本条が追加されたものと思われる。

野筋の実体が不明なことは前著に示した。しかし、不明の儘にしておくことも出来ないので、気休めになるかも知れないが、この語の使用例から、その造形を探ってみたい。

先ず、82行目の「片山の岸或いは野筋等を造り出でて」及び432行目の「山も野筋も無くて平地に石を立つる」から、これは、山と同様に何か起伏のある造形と思われる。しかし、473行目には「山の麓並びに野筋の石」とあるので、山のような物ではないようだ。次に、145～146行目の「野筋の末」及び176行目の「野筋を遣りて」から、これに方向性と到達点のあるこ

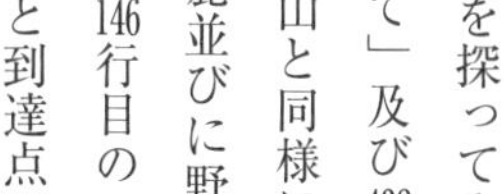

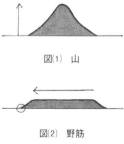

図(1)　山

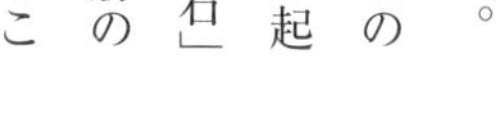

図(2)　野筋

とが窺われる。また、436行目の「遺水の辺の野筋」からは、流れに沿った細長い造形、即ち、これは川縁の土堤のようなものを連想させる。

以上を総合すると、「山」が、地面の垂直方向に高く盛り上がったものを言うのに対して、「野筋」は、地面の水平方向に長く盛り上がったものを言うと定義することが出来る。従って、145〜146行目の「野筋の末」は、図(2)（前頁）の○印の所を指し、430〜431行目の「野筋如き」は、この造形の小規模なものを言うと考えられる。（176行目の「引き違い引き違い野筋を遣りて」については、確信の持てる回答が得られなかった。）

この野筋は、山と同様に地表の装飾的な造成法であることに変わりはないが、山ほどの存在感を発揮できなかったようで、やがて自然淘汰されて、庭園史上から永久にその姿を消してしまった。

なお、「野筋」の実例として、『北野天神縁起』承久本巻一の第十七・十八紙（図版）を挙げている出版物があるが、これは嘘と言うべきだろう。この絵図の上部には几帳が描かれている。間仕切りに使われる几帳には三尺のものと四尺のものとがあり、一般に、前者は四幅の帳《とばり》を、後者は五幅の帳を掛け渡し、それぞれの帳の上から「野筋」（幅筋）と呼ばれる細長い紐を垂らす。この几帳は三尺のものと思われるので、野筋は四本描かれていなければならない。しかし、この絵巻物では、三尺のものも四尺のものも分け隔てなく、野筋はどれも三本しか描かれていない。

また、坪庭の左手に見える部屋の中には当主が居て、寛いだ表情で庭を眺めている。こちらからの観賞にも配慮をすれば、右手の苔生した土の塊は後ろの塀に沿って縦長に描かれていなければならない。この絵図を描いた故実に疎い後の時代の絵師に、山と野筋の違いまで分かる筈もないので、これは、小山を描いたものであり、画面構成上、その裾を片流れに長く引いたものと見るべきだろう。

なお、几帳に垂らす「野筋」は、今は只の飾りのように思われているが、本来は、ブラインドを巻き上げる時に引く紐と同じ役目をしていたと言われる。その為に、帳と野筋の数とを一致させるのだ。

● 又、釣殿の柱には大きなる石を据ゑしむ可し。（45～46行目）

この条は、説明の必要はないと思うが、

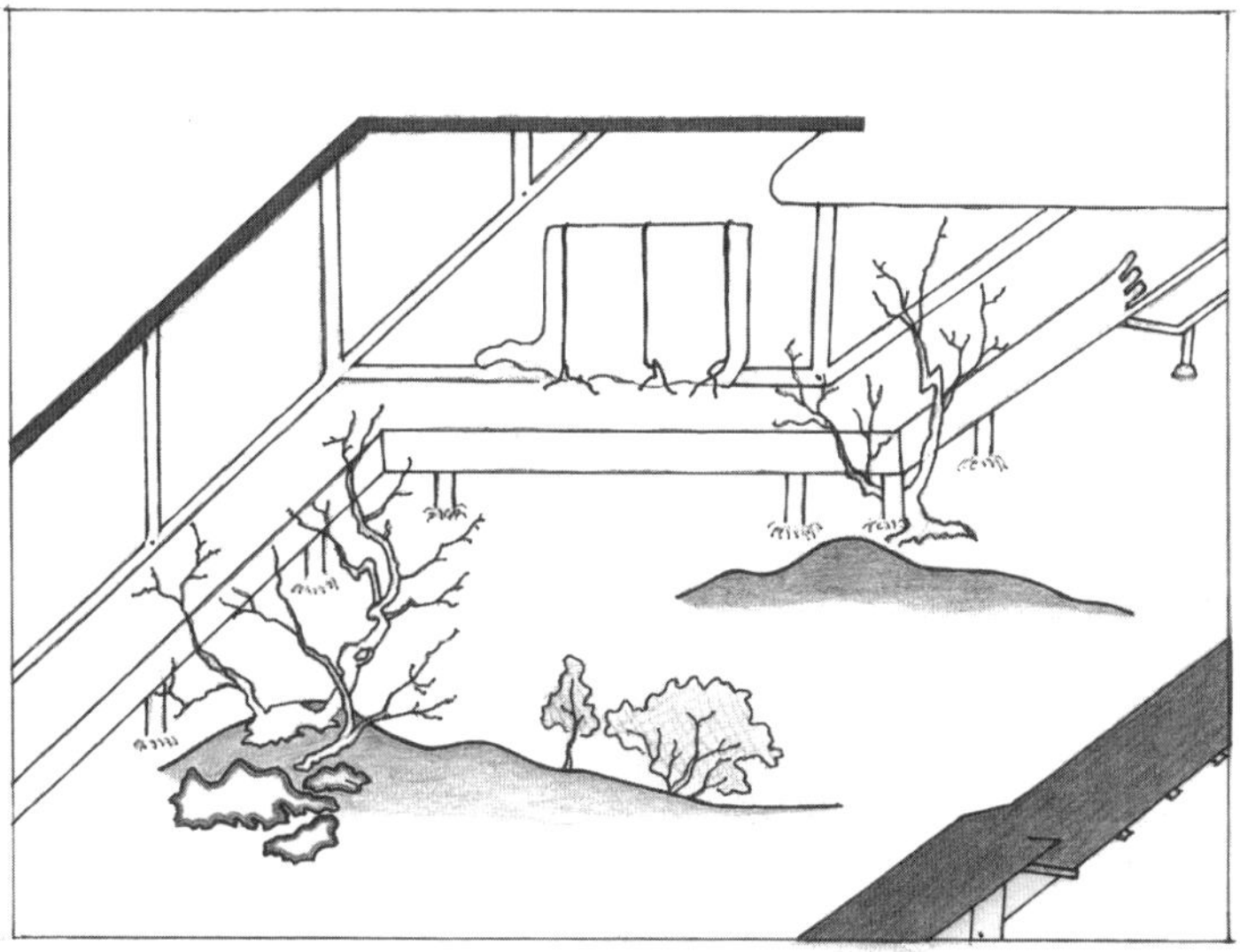

『北野天神縁起』から作図（人物は省いた）

釣殿は池の上に乗り出した見た目に不安定な建築物なので、それを支える柱の礎には大きな石を据えないと、危なそうな印象を払拭できないということ。但し、「大きなる石」とは言っても、その殆どは水没してしまうので、大きく見えるように組まなければならない。

●又、池並びに島の石を立てむには、当時水を引せて見む事叶ひ難くは、水準を据ゑしめて、釣殿の簀子の下桁と水の面との間四五寸有らむ程を計らひて所々に砌印を立て置きて、石の底へ入り水に隠れむ程、水の面より出でむ程を相計らひ立つ可き也。（47〜53行目）

この「は」は、仮定条件を示す係助詞の「は《わ》」。これを「ば」と読ませている出版物が数多くあるが、「叶ひ難くば（48行目）、無くば（224・735行目）、有難くば（378行目）、悪しくば（733行目）」等という語法は古語にはない。仮定条件を示す接続助詞の「ば」は未然形に付くので、例えば「有り」という動詞に付けるのなら、「有らば」で良いが、「無し」という形容詞に付けるのであれば、「無くば」ではなく「無からば」としなければならない。この種の誤った語法は、江戸時代以降に一般化して今日に至ったようだが、困った悪習と言うべきだろう。

冒頭に「池並びに島の石」とあるのは、水際に組まれる護岸の石のことで、「水準《みずばかり》（水臬）」は、『日本書記』天智天皇十年（六七一）三月三日の条に黄文本実《きぶみのほんじつ》が天皇に献上したとあるので、入唐《にっとう》したこの絵師が彼の国から持ち帰ったものと考えられているそうだ。（千田 稔『飛鳥―水の王朝』中央公論新社）

● 池尻の水落ちの横石は、釣殿の簀の子の下桁の下端より水の面に至る迄四五寸を常に有らしめて、其れに過ぎぬれば流れ出でむ程を計らひて据ふ可き也。（65～69行目）

寝殿造りの庭の池は、江戸の大名庭園などに見られる潮入りの池とは異なり、その水位は常に一定に保たれていた。それを決めるのが、この「池尻の水落ちの横石」で、そのため、池の水位が訳もなく上下するような事はなかった。従って、護岸の石は、それを信頼して慎重に根入れが為された。その水位を「釣殿の簀の子の下桁の下端」を基準にしたのは、この建物は行事の際には船着きとして利用されたので、乗降の便を考慮してのことだろう。

接続助詞の「ば」は、未然形に付く時は仮定条件を示し、已然形に付く時は確定条件を示す。両者の相違は分かり難いようなので、前著の現代語訳では、後者の意を表す時は、成るべく「～すると」と訳すようにした。確定条件とは、分かり易く言えば、前後の事柄に因果関係が常に成立するということ。例えば禁忌の条は、「ああすると必ずこうなる。だから、そうしてはいけない。」というロジックで出来ているので、すべて、この確定条件を示す。本条の「過ぎぬれば」も、同じく後者の用例に属す。

● 凡そ、滝の左右島の崎山の辺の外は高き石を立つる事は稀なる可し。（69～71行目）

本条の「滝の左右」は、「脇石」（滝添石）のこと、「島の崎」は、「山の崎島の崎」の略で「離石」のこと、「山の辺」は、「三尊仏の立石」のことを指すと思われる。

●又、離石は荒磯に置き、山のさき島のさきに立つ可きとか。（75〜76行目）

この二つの「さき」を「前」又は「先」と解すと、山や島に特定の方向性はないので、どこを指すのか分からない。これは「崎」と解すべきで、山や島の岬状の部分、即ち「出島」を指す。本条の「離石」は、この出島の岸辺から遠く離れた水の中に組まれる荒磯を象徴する役石のことで、いわゆる「鼻うけの石」のことを言うのではない。

●一、池も無く遣水も無き所に石を立つる事有り。是を枯山水と名付く。其の枯山水の様は、片山の岸或いは野筋等を造り出でて、其れに取り付きて石を立つる也。（80〜83行目）

たった二行に過ぎないが、ここには、「枯山水」とは何かが具体的に述べられている。本文の「造り出でて」は、そこに何かを新たに造るという意味で、既存の山畔などを利用することを言っているのではない。また「取り付きて」は、何か頼りになるものにしっかりくっ付いてという意味で、その頼りになるものは、ここでは「片山の岸」と「野筋」が挙げられている。つまり、この枯山水では、片山の岸や野筋といったものがその造形の本体で、石はそれの付属品に過ぎないということになる（前著の同箇所の解説参照）。

一般に、この枯山水は「水と直接関係のない局部的な石組本位の庭」と解されているが、『作庭記』に言う枯山水は、水とは何の関係もなく、局部的な意匠でもなければ、石組本位の庭でもない。正しい定義は別の所に示しておいたが、先学の立てた妄説に、なぜ後学が皆迎合しなければならないのだろうか。その妄説はこれ一つに止まらないと言うのに。

「枯山水」の訓は不明とされているが、音読の便を図るためには仮の訓を用意しておいた方が良いだろう。先ず「枯」は、「かれ」と「から」の訓があり、枯《から》《かれ》木・枯《から》《かれ》草・枯《から》声・枯《から》迹《と》・枯《から》野・枯《から》《かれ》葉・枯《から》穂・枯《から》物・枯《から》山などの用例から、この時代には「から」と読むことの方が一般的だったようだ。（「から」は、涸の変化した語で、語素としての用法は、他の語を伴って「枯れている、水気のない」といった意を表す。）次に「山水」は、山や川などのある風景の汎称で、それが自然のものであるか人工のものであるかを問わない。そのため『作庭記』では、自然のものを指す時には、「生得の」と断ってその区別をしている（「生得の滝」も同趣旨）。従って、その訓は「さんすい」で問題はない。しかし、ここでは、秘伝書に使われた専門用語という特殊性から、同時代の作とされる東寺伝来の「山水屏風」などに倣って、「せんずい」という呉音を採用したい。また、「こせんずい」と音読に替える方法もあるが、「こ」では何を意味するのか分かり難いという短所がある。依って、「からせんずい」という訓を推奨する。

● 又、偏に山里等の様に面白く為むと思はば、高き山を屋近く設けて、其の山の頂より裾様へ石を少々立て下して、此の家を造らむと山の片側を崩し地を引きける間、自ら掘り現されたりける石の底深き常滑にて掘り除く可くも無くて、其の上若しは石の片角等に束柱をも切り掛けたる体に為可きせ。（83～92ページ）

これは、その石の上に、又はその石の片隅などにの意で、束柱を、掘り現された石の真ん中に乗せるか隅の方に乗せるかだけの違い。同じ石の上に変わりはない。

● 又、物一つに取り付き、小山の崎樹の元束柱の辺等に石を立つる事有る可し。但し、庭の面には、石を立て前栽を植ゑむ事、階の下の座等敷かむ事用意有る可きとか。(92〜96行目)

普通、束柱の付近に石を纏めて組んだりはしない。家の中からは見えないし、動線に掛かれば邪魔になるからだ。石を組むには、もっとそれに相応しい場所が他に幾らでもある筈だ。にも拘わらず、「束柱の辺」と書かれている。……惟うに、これは、山里の家の「常滑の石」を意識した意匠だろう。

後半の但し書きの趣意は、南庭の地表には、行事の際に石や草木を飾り付ける場所と、儀式の際に畳や円座《わらふた》などを敷く場所とを常に確保しておかなければならないということ。従って、これ等の場所と拝《はい》礼《らい》のために用意しておいた広い空間とを除いた所が、南庭における造園の対象地ということになる。そこには、石を組んだり木を植えたり野筋などを造ったりすることが自由に出来る。

2 一、大海の様は、先づ荒磯の有様を立つ可き也。其の荒磯は、岸の辺に端無く先出でたる石共を立てて汀を床根に成して、立ち出でたる石を数多沖様へ立て渡して、離れ出でたる石も少々有る可し。(102〜107行目)

これは、岸の辺りに、はしたなく先の出た石々を組むことによって汀を床根に成すという意味。つまり、汀を床根に成す手段として、はしたなく先の出た石々を組むということ。読点の打ち方を間違えると正しい造形が摑めなくなる。

● 一、大河の様は、其の姿竜蛇の行ける道の如く成る可し。（中略）石を立てむ所々の遠近多少は、所の有様に従ひ当時の意楽に依る可し。（111〜124行目）

『作庭記』の説く庭づくりが、型に嵌まった窮屈なものではなく、作庭者の感性を尊重した自由度の高いものであることは、同書の所々に使われている種々の表現から窺い知ることが出来る。この「意《い》楽《ぎょう》」も、仏教語こそ使って勿体ぶってはいるが、それ等と同趣旨で、それ以上の特別な意味は込められていない。

● 一、山河の様は、石を繁く立て下して、此処彼処に伝石有る可し。又、水の中に石を立てて左右へ水を分かちつれば、其の左右の汀には掘り沈めたる石を有らしむ可し。（130〜133行目）

前にも触れたが、接続助詞の「ば」は、未然形に付く時は順接の仮定条件を示し、已然形に付く時は順接の確定条件を示す。本条の「つれ」は完了の助動詞「つ」の已然形だから、この「ば」は後者の用例で、この場合は、原因・理由の意を表す。従って、ここは「水を分けるので」と訳さなければならない。また「つれ」は、ここでは完了の意ではなく確述の意を表すので、「分けることになるので」という意味になる（220〜221行目の「滝は三四尺にも成りぬればﾟ」も同例）。これを、先学は「分けたならば」と誤訳をし、後学も皆それに追随して誤訳を重ねているが、人に頼るのではなく自分で考えるのでなければ、研究にはならない。

「伝石」の正体が何であるのかは前著に示した。本文の「掘り沈めたる」とは、石の根を深く入れるということ。即ち、伝石に妨げられた水が左右に分かれて岸を崩そうとするので、その左右の水際（図の×印の所）には、根を深く入れた護岸の石を組んで岸が浸食されないようにすると言うこと。この記述から、「伝石」が決して小さな石ではないことが分かる。なお、略図には描かれていないが、この形式の遣水では、左右の護岸の石は絶え間なく組み続けられる。一般に、護岸すべてに石を巡らせるのは一四世紀以降の手法だとされているが、この学説は、この形式の遣水には当て嵌まらない。

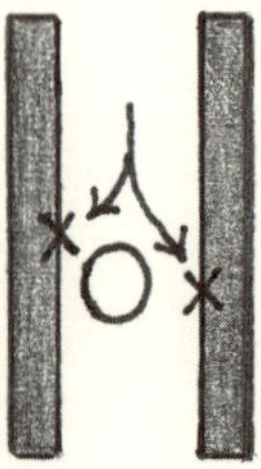

●已上の両つの河の様は遣水に用ゐる可き也。遣水にも、一つを車一両に積み煩ふ程なる石の良き也。（134〜136行目）

この「良き」は、許容・許可の意を表す。即ち、するのが良い（好ましい）ではなく、しても良い（差し支えない）という意味。高い石をめったに組まないのと同様に、このような大きな石もめったに組むものではない。

● 一、葦手の様は、山等は高からず為て、野筋の末池の汀等に石を所々立てて、其の脇々に小笹山菅様の草を植ゑて、樹には、梅柳等の嫋やかなる木を好み植う可し。（145～149行目）

『作庭記』では、樹木の意を表す時、「樹」と「木」の両字が混用されている。それ等を概観すると、「樹」は、一般名詞として既に植えられている不定の樹木を指し、「木」は、庭木の素材としてこれから植えられる特定の樹木を指しているようにも見える。（但し、誤写がある為か、判然としない用例もある。）この正否はともかくとして、何らかの意図をもって書き分けられている可能性もあるので、前著の「定本」では、これを尊重して写本通りの表記にした。しかし、この書き分けに重要性があるとは思えないので（音読すればその相違は解消する）、「現代語訳」では、これ等は、すべて一般的な「木」に統一して表記した。

樹……93・148・181・211・215・582・586・660・675・677・681・683・691・693・713行目
木……148・182・587・661・694・695・696・699・711・715行目（502行目の「木」は別意）

● 池並びに河の汀の白浜は、鋤先の如く尖り、鍬形の如く彫り入る可き也。此の姿を成す時は、石をば打ち上がりて立つ可し。（163～166行目）

「鋤先」と「鍬形」に形状の相違はない。共にU字形で、その突出部が外側へ向いているか内側へ向いているかだけの違い。

姿と形は、『作庭記』では、ほぼ次のような意味に使い分けられているようだ。

形＝外形・平面形・つくる前の形（62・203・579・580・580・599行目）
姿＝外見・立面形・できた後の形（2・15・42・58・108・111・154・165・189・192・208・319・416・566・598・601行目）

これに従えば、白浜を鋤先や鍬形の姿（立面形）にする為には、その形（平面形）はそれよりもかなり穏やかなものになるだろう。また、池の石は水際（護岸）に組まれるのが原則だが、この形態の白浜では、石は、浜の上に乗り上げて組まれる。

●池の石は海を学ぶ事なれば、必ず岩根波返の石を立つ可し。（167〜168行目）

なぜ、池に石を組むのか。それは、見る人にそこが海だと思わせたいからだ。だから、そう見えるような石を組まなければならない。それを、ここでは「波返の石」としているが、これに限らず、そういう石を必ず組めということで、これは、この頃には約束事になっていたようだ。

一般に、日本庭園の池は悉く海を表すとされているが、この時代には「沼池の様」や「葦手の様」等もあって、必ずしもそうではない。従って、池を海に擬える為にはそれなりの手続きが必要であり、それ無くしては、この見立てが成立しないことになる。これは、言われてみれば当然のことで、例えば中島を造ったとしても、この見立てが出来ていなければ、それを蓬莱島と見做すことも出来ない。しかしながら、この原則はいつの間にか忘れ去られてしまったようで、これ以降の古庭園に、この原則を忠実に守る作例を見出すことは出来ない。

(注)『作庭記』に神仙説を思わせる記述はない。

3 一、磯島は、立ち上がりたる石を所々に立てて、其の石の乞はむに従ひて波打の石を荒らかに立て渡して、其の高き石の隙々に、いと高からぬ松の老いて勝れたる姿なるが緑深きを所々植う可き也。(185～190行目)

これが「従《ヒテ》レ乞《フニ》」と読み下されていれば、その石の乞うものは常に変わらないので、その石組は誰が組んでも同じものになって面白くない。ところが、幸いこれは「従《ヒテ》レ乞《ハムニ》」と推量の助動詞を使って読み下されている。従って、その石が何を乞わんとするかは、作庭者が自ら推し量らなければならない。つまり、これも、作庭者が自分の感性に従って自由に石を組めば良いということで、それ以上の特別な意味は込められていない。斯界ではこの言葉を過大評価する向きもあるが、それは、単なる盲人の幻想に過ぎないと言えるだろう。研究者の為すべき事は、空想に耽ることではなく、真理を追求することだ。

なお、この「乞はむ」を「跨《こ》ばむ」と解した出版物があるが、このような珍妙な言葉はいつの時代にもない。接尾語の「ばむ」は名詞や動詞の連用形や形容詞の語幹などに付くので、例えば「癖《くせ》」という名詞に付けるのなら、「癖《くせ》ばむ」で良いが、「跨《また》ぐ」という動詞に付けるのであれば、「跨《また》げばむ」としなければならない。問題の「跨《こ》」は、跨《また》ぐという動詞を音読しただけであって、これは名詞ではない。従って、「跨《こ》ばむ」等という言い方は出来ない。また、同様の趣旨から、前の「癖《くせ》ばむ」も、これを音読して「癖《へき》ばむ」等と言うことも出来ない。序でに付け加えておくと、この「跨」は、跨ぐという意味であって、跨がるという意味ではない。

また、同書には「避《よ》き石」という言葉も使われているが、「避石《ヨキイシ》」等という用語はどの造園古書にも見られない。この場合、名詞に接続できるのは活用語の連体形だから、形容詞の「良し」に付けるのなら「良き石」でよいが、動詞の「避《よ》く」に付けるのであれば、「避く石」（四段活用）か「避くる石」（上二段活用）としなければならない。従って、「避き石」等という言い方は出来ない。序でに付け加えておくと、この「避く」は、「よける、避ける」という意味であって、「さえぎる、邪魔をする」等という意味ではない。

古文献を研究する時、その基礎となるのは文献の文法的解釈だが、これの裏付けを欠いた所説は、すべて空想に等しく、それは信憑性もなければ説得力もない。

●

一、片流の様は、とかくの風流無く、細長に水を流し置きたる姿なる可し。（207〜208行目）

これは、流水文様を象った島のことと考えられるので、例えば、略図のような姿をした

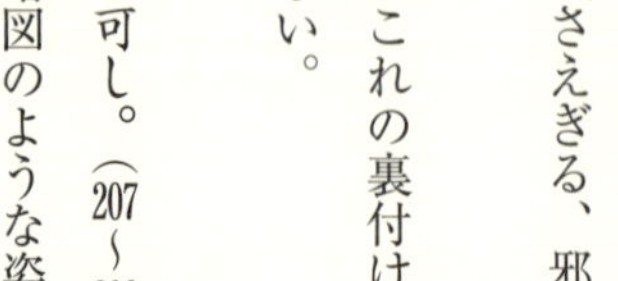

島を言うのではないかと思われる。しかし、このような島のどこに風情があると言うのだろうか。

● 一、干潟の様は、潮の干上がりたる跡の如く、半ばは現れ半ばは水に浸るが如くに為て、自ら石少々見ゆ可き也。樹は有る可からず。（209～212行目）

この形式の島の特異性は、その石の組み方にある。通常、池や島の石は水際（護岸）に組まれるのが原則だが、ここでは、そこには組まず、島の周囲の水の中に組まれる。水の上に石の頭が少し見えることによって、そこが浅瀬だと思わせたいからだ。この石組が岩島と違うところは、これは、一つの所に組まれる単独の石組ではなく、複数の所に組まれる集団の石組であると言うことだ。また、この島の半水没部は、上から透けて見える必要はなく、実際に見えることもないだろう。惟うに、この形式の島は、月明かりに照らされた時風情が増すように企図されているようだ。

なお、「干潟」とは、遠浅の海岸で潮が引いた時に現れる砂地のことで、ここに岩石は無い。この形式を考案した平安貴族は、どうやら干潟を見たことがないようだ。

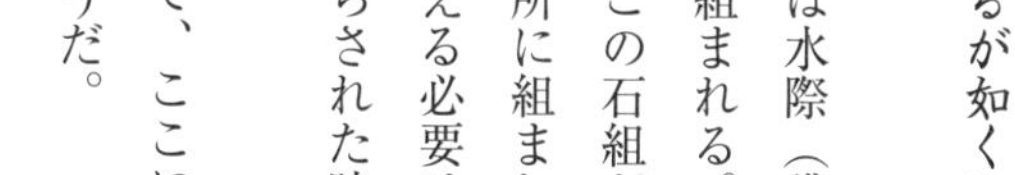

4 滝を立てむには先づ水落の石を選ぶ可き也。其の水落の石は、作石の如くに為て面麗しきは興無し。滝は三四尺にも成りぬれば、山石の水落ち麗しくして面癖ばみたらむを用ゐる可き也。（218～222行目）

表現が、「癖有るを」から「癖有らむを」「癖ばみたるを」「癖ばみたらむを」へと、数段階に緩和されている。これは、ほんの少しだけ癖（欠点）のありそうな石の意で、水が躍り跳ねるような、けばけばしい石のことを言っているのではない。本文の趣意を分かり易く言うと、水をスムーズに落とす為には、石の表面を滑らかに加工すればよいが、それでは面白みがないので、水の落下が良好で尚かつ表面に少し変化のありそうな自然石を用いるということ。

● 滝の前は、殊の外に広くて、中石等数多有りて水を左右へ分かち流したるが理無き也。（248〜250行目）

この「中石」を、流れの中に組まれる役石の総称とすれば、滝の前に組まれる石はすべて中石ということになる。しかし、本文には「中石等」とあるので、そうではないようだ。420・421行目に記述のある中石は、左右の横石に挟まれた真ん中の石を指すので、『作庭記』に言う「中石」は、流れの中の特に中央付近に組まれるものを言うようだ。

● 伝落を好まば、少し水落ちの面の角倒れたる石を塵許仰け張らせて立つ可き也。伝落は、麗しく糸を繰り掛けたる様に落とす事も有り、二重三重引き下がりたる前石を寄せ立てて、左右へとかく違り違へて落とす事も有る可し。（255〜261行目）

この「麗しく糸を繰り掛けたる」と言うのは、水が幾筋にも分かれて少しの乱れもなく整然と流れ落ちる滝のことで、略図のような落ち方を言う。『栄華物語』に「湧き返り岩間を分くる滝の糸の乱れて落つる音高き哉」と書かれている高陽院の滝は、この「糸落」ではない。これは、同条の後半に「左右へとかく遣り違へて落とす」と形容のある、別の種類の伝落の滝のことだ。

● 又、滝の水落ちの機張りは高下には依らざるか。（中略）一つには滝の喉顕に見えぬれば浅まに見ゆる事有り。滝は思ひ懸けぬ岩の狭間等より落ちたる様に見えぬれば小暗く心憎き也。然れば、水を曲げ掛けて、喉見ゆる所には良き石を水落の石の上に当たる所に立てつれば、遠くては岩の中より出づる様に見ゆる也。（269〜283行目）

本文の趣意は、低い滝の喉が顕わに見えると安っぽく見えて興醒めがするので、そういう場合は、形の良い石を水落石の上に当たる所に組んで喉を隠し、その脇を回り込ませて水を流せば、遠くからは、恰もその石の中から水が湧き出ているように見えて、見る人に興味を覚えさせせることが出来るということで、本文の「小暗く」とは、滝が秘されて深遠になることを言う（関連図148ページ）。

【秘すれば滝なり　秘せざれば滝なる可からず】

なお、文中に「水落の石の上に当たる所」とあるのは、滝を見た時に、その石がちょうど水落石の上の位置に来るようにという意味で、これ以外の「稜落の滝」でも同様の設定が為されているので、この時代、滝に関しては、その主観賞位置が固定化されていたようだ。

●一、滝の落つる様々を言ふ事

向落、片落、伝落、離落、稜落、布落、糸落、重落、左右落、横落（284～286行目）

本条の「伝落」は、水を滑り落とすもの、「離落」は、飛び落とすもの、「布落」は、面状に落とすもの、「糸落」は、線状に落とすもの、「重落」は、水落石を複数組むもの、（これ以外はすべて単数で組まれるので、それ等は「単落《ひとえおち》」と言える。）「片落」は、前石を寄せて組むものと分類できる。以上を整理すると、『作庭記』の説く滝づくりは、先ず、水落石を単数にするか複数にするかを決め、次に、水を伝い落とすか離れ落とすかを決め、伝い落とす場合は、水を面状に落とすか線状に落とすかを決め、更に、落水に変化を付けたい時は前石を寄せて組み、また、晴の方からの観賞を重視したい時には第四の石を組み添えるということになる。如上のように、ここに挙げられている滝の形式は、みな机上の理論から割り出されたものであり、どれも、自然の滝を手本にしたものではない。

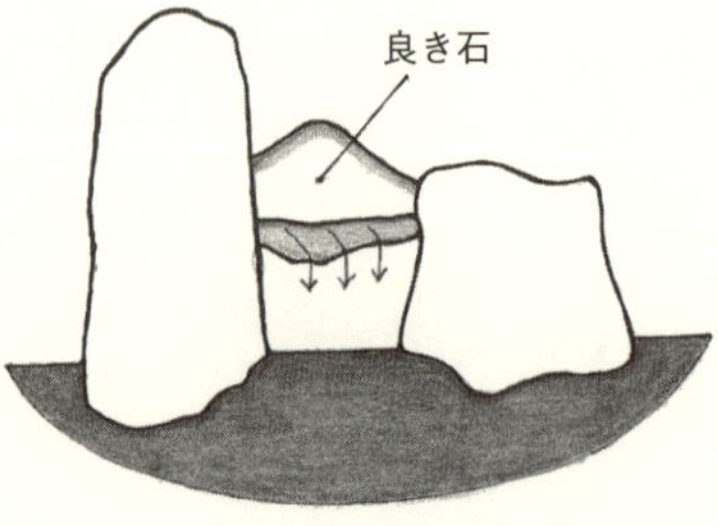

なお、ここに記載のある滝の形式については、昔の造園家が空想で描いた嘘の図版が未だに使われているが、これは困った現実と言うべきだろう。この図版には『作庭記』の記述内容が全く反映されておらず、また時代考証にも欠けている。これを描いた造園家は、『作庭記』の説く庭滝が水落石と脇石との三石で構成され、それが三尺にも満たないミニチュアめいたものであると言うことさえも理解していないようだ。

● 片落は、水を受けたる頭有る前石の、高さも広さも水落の石の半ばに当たるを左の方に寄せ立てて、左より添ひて落としつれば、其の石の頭に当たりて横様に白み渡りて右より落つる也。（289〜293行目）

一般に誤解があるようなので一言しておくが、「白む」というのは、前石に当たった水が気泡を生じてその場で白く濁ることを言い、しぶきが辺りに飛び散ることを言うのではない（423・441行目の「白む」も同意）。

● 糸落は、水落ちに頭に差し出でたる角数多有る石を立てつれば、数多に分かれて糸を繰り掛けたる様に落つる也。（306〜308行目）

「頭に」は、天端側に、即ち垂直方向にの意と考えられるので、この「頭に差し出でたる角」は略図のような形状をしたものと思われる。しかし、このような角で理論

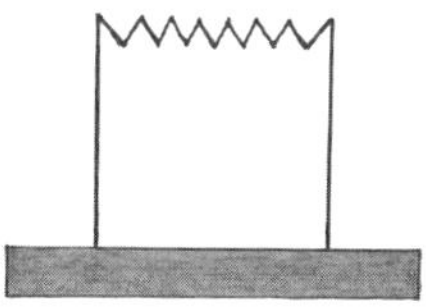

通りにうまく水を分けることが出来るのだろうか。また、このような都合の良い石がどこに有ると言うのだろうか。

● 或人の言ふ、滝をば便りを求めても月に向かふ可き也。落つる水に影を宿さしむ可き故也。（312～314行目）

「律令制においては、公務は早朝から正午前にかけて行われていた。ところが十世紀半ばになると、それまで午前に執り行われていた儀式や政務が、なぜか夕刻や夜に行われるようになる。それにともなって貴族たちの日常生活のリズムも夜型へとシフトする。貴族社会の変化が平安京全体の生活時間帯に影響を及ぼし、夜の世界が始まる。」（山本淳子『平安人の心で「源氏物語」を読む』朝日新聞出版）

……滝を便りを求めても月に向けるべきなのは、平安貴族の生活が、この頃にはすっかり夜型に一変していたからだ。

5 水東へ流れたる事は天王寺の亀井の水也。太子伝に言ふ、青竜常に守る麗水東へ流る。（347～348行目）

前著に引用した『四天王寺御手印縁起』は、聖徳太子が著した予言の書として、寛弘四年（一〇〇七）の発見以来、四天王寺信仰の基礎を成してきたと言う。しかし、この書は、今は、衰微しかけていた寺運の興隆を図るために、この寺の僧が偽作したものと考えられている。同時代にこの寺に起居していた現役の寺僧が自分の寺の井戸水を偽って呼ぶ筈はないので、前著の定本では、この「亀井の水《かめのい》」を「麗水」と表記した。但し、『無動寺本』には「霊水」とあるので、種本にはそう書かれていたのだろう。極楽往生を希求する浄土信仰の代表的霊場の閼迦水としては、麗水よりも「霊水」（霊験のあらたかな水）とした方が信憑性が増すからだ。

●弘法大師高野山に入りて勝地を求め給ふ時一人の翁に逢へり。大師問ひて宣はく、此の山に別所建立為つ可き所有りや。翁答へて曰く、我が領の中にこそ、昼は紫雲棚引き夜は霊光を放つ五葉の松有りて諸水東へ流れたる地の、殆国城を建てつ可くは侍れと言へり。（351～357行目）

この「有りて」を無神経に「有る」と訳すと、文意が摑み難くなる。我が領の中《うち》にこそあるのは、五葉の松ではなく、霊妙な松が生えていたり諸水が皆東へ流れていたりする、曰くありげな一画の土地だからだ。

この条に登場する「翁」が高野明神でないことは前著に示したが、ここに載せられている説話には事実誤認や脚色があるようなので、参考のため、『今昔物語集』（角川学芸出版）から「弘法大師はじめて高野山を建てたる語《ものがたり》」の一部を引用させて頂いた。

「今は昔、弘法大師、真言教、もろもろの所に弘めおきたまひて、年やうやく老いにのぞみたまふほどに、あまたの弟子にみな所々の寺を譲りたまひて後、わが唐にしてなげしところの三鈷落ちたらむ所をたづねむと思ひて、弘仁七年といふ年の六月に王城を出でてたづぬるに、大和国、宇智の郡に至りて一人の猟人《かりびと》に会ひぬ。

その形、面《おも》赤くしてたけ八尺ばかりなり。青き色の小袖を着せり。骨高く筋太し。弓箭をもちて身に帯せり。大小二つの黒き犬を具せり。すなはちこの人、大師を見て過ぎ通るにいはく、何ぞの聖人のあるきたまふぞと。大師ののたまはく、われ唐にして三鈷をなげて、禅定の霊穴に落ちよと誓ひき。今その所を求めあるくなりと。猟者《かりびと》のいはく、われはこれ南山の犬飼なり。われその所を知れり。すみやかに教へたてまつるべしといひて、犬を放ちて走らしむる間、犬失せぬ。大師、そこより紀伊国の堺、大河の辺《ほとり》に宿しぬ。ここに一人の山人《やまびと》に会ひぬ。大師このことを問ひたまふに、ここより南に平原《ひらはら》の沢あり。これその所なり。

明くる朝《あした》に、山人、大師に相《あい》具して行く間、密《みそ》かに語りていはく、われこの山の主なり。すみやかにこの領地をたてまつるべしと。山のなかに百町ばかり入りぬ。山のなかはただしく鉢を臥せたる如くにて、廻《めぐ》りに峰八つ立ちて登れり。檜のいはむ方なく大きなる、竹のやうにて生ひ並みたり。そのなかに一つの檜のなかに、大きなる竹胯《たけのまた》あり。この三鈷打ち立てられたり。これを見るに喜びかなしぶこと限りなし。これ禅定の霊崛《れいくつ》なりと知りぬ。この山人は誰人ぞと問ひたまへば、丹生の明神となむ申す。今の天野の宮これなり。犬飼をば高野の明神となむ申すといひて失せぬ。」

●山水を為して石を立つる事は深き心有る可し。（中略）此の故に、山水を為しては必ず石を立つ可きとか。（360～372行目）

この条には、庭を造る際になぜ石を組まねばならないのかという理由が或る説を論拠として述べられているが、ここでは、「山水を為す」という語句が庭づくりの意に用いられている。同様の用例は、12～13行目の条の割愛された条文の中にも見られる（『山水抄』『無動寺本』の同箇所参照）。

なお、『作庭記』には「石を立つる」という語句が数多く使われているが、直立させる意と思われるもの（55・79・97・447・479・620行目）を除き、それ等は皆「石を組む」意で用いられているようだ。その用例は、脱字のある53行目の他に百十九あるが、煩雑になるので、ここには列挙しない。

●遣水に石を立て始めむ事は、先づ水の折れ返り撓み行く所也。元より此の所に石の有りけるに因りて水のえ崩さずして撓み行けば、其の筋違へ行く先は水の強く当たる事なれば、其の水の強く当たりなむと覚ゆる所に又石を立つる也。（中略）とかく水の曲がれる所に石を多く立てつれば、その所にて見るは悪しからねども、遠くて見渡せば故無く石を取り置きたる様に見ゆる也。近く寄りて見る事は難し。差し退きて見むに悪しからざる様に立つ可き也。（397～408行目）

『谷村家本』及び同系統の写本には、ここは「廻石をたつる也」とあるが、この「廻石」が誤りであることは前著に示した。そこで、これを踏まえて『谷村家本』の用字をよく見ると、この文字は「亦」

とも読めそうだ。若しそうだとして同系統の写本も皆これの誤写だとすれば、「廻石」という造園用語は『作庭記』には存在しないことになる。しかし、その一方で、同書の別の条（392～396行目）には、遣水の石を組む所として「山端を廻る所」が挙げられていて、「廻石」は既に形式化されていたとも見られる。これを肯定する材料としては、『谷村家本』では、全三十五回の用例中「亦」の字が一度も使われていないことが挙げられる。否定する材料としては、『山水抄』を始めとして『山水並野形図』や『尺素往来』にも記載がなく、後世に伝わっていないことが挙げられる。これだけでその存否を判断することは出来ないので、有ると分かるまでは無いとしておいた方が無難だろう。

この「難し」は、前著に示したように「めったにない」の意で、この時代には、庭に直接降り立って見るというような、積極的な観賞態度はまだ取られていなかったようだ。寝殿造りの庭は、能動的に見る庭というよりは、むしろ受動的に見える庭と言うべきだろう。

（付言）この条に説かれている石の組み方は、前に滝の造り方の所（239～244行目）で述べられていたものと同一のものだ。即ち、実際に水を流しながら石を組むことは出来ないので、水理学の理論に従って、水の流れていく方向を予測しながら組んでいくと言うこと。こうすれば、大きなロスもなく護岸の石を組み続けることが出来る。

●遣水谷川の様は、山二つが狭間より厳しく流れ出でたる姿なる可し。（中略）少し広く成りぬる所には、少し高き中石を置きて、其の左右に横石を有らしめて、中石の左右より水を流す可き也。其の横石より水の速く落つる所に迎へて水を受けたる石を立てつれば、白み渡りて面白し。(415〜424行目)

この「少し高き」は、何かよりも少し高いという意味で、その基準となるものは、ここでは「左右の横石」しか見当たらない。その横石から水を速く落とすためには、ここで流れの幅を急に狭めればよい。即ち、略図のように、左右の横石で上流の水を堰き止めておいて、中石の左右の狭い谷状の窪みから(横石の上からではない)水を一気に滑り落とすということ。こうすれば、その水を「迎石」の頭に激しく当てて白み渡らせることが出来る。

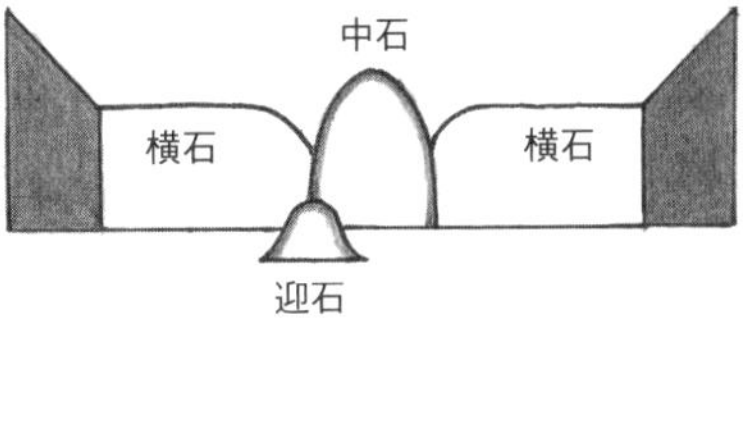

● 一説に言ふ、遣水は、其の源東北西より出でたりと雖も、対の屋有らば其の中を通して南庭へ流し出だす可し。又、二棟の屋の下を通して透渡殿の下より出だして池へ入るる水、中門の前を通す、常の事也。(425〜429行目)

建築史の専門家によると、対のない寝殿造りは決して珍しいものではないそうだが、本文の「対の屋有らば」は、言うまでもなく、遣水の付近に対屋があればという意味に解すべきだろう。その遣水に対屋の中を通させるのは、家に取り付いた悪い気を洗い清めさせるためで、中門の前を通すのは、訪客の穢れを漱ぐためだろう。

● 又、遣水の瀬々には、横石の歯有りて下嫌なるを置きて、其の前に迎石を置けば、其の首に掛かる水白み上がりて見ゆ可し。（439〜441行目）

この時代の美意識の規範は麗しいものと思われるので、この「歯」も麗しいものでなければならない。一般に、この歯は鋸の歯のようなものと思われているようだが、これは、その特殊なものと考えられるので、より普遍性のある足駄の歯を連想した方が分かり易いだろう。また、この歯が、離落の滝では水落石の横角に意匠されるので、ここを滝の口と見做すことが出来る。従って、その奥の水が流れてくる所が「喉」に当たる。

なお、本文の「下嫌なる」を「下弥なる」とする怪しげな解釈が通用しているが、「弥《いや》」の品詞は昔も今も副詞に分類されており、その副詞が「弥なら・弥なり・弥なる」などと活用をする筈がない。

（追記）遣水の瀬々に歯のある横石を置いて小滝を幾つも造れば、そこに羽觴を浮かべることは出来ない。「曲水《ごくすい》の宴」は、基本的に歴代天皇の主催する宮中の行事と思われていたようで、『作庭記』には、それへの配慮が全く為されていない。

6 又、岸より水底へ立て入れ又水底より岸へ立て上ぐる常滑の石は、大きに厳めしく続かまほしけれども、

人の力適ふまじき事なれば、同じ色の石の角思ひ合ひたらむを選び集めて大きなる姿に立て成す可き也。（459〜464行目）

この「常滑の石」が「波返の石」を指し、それがどういう造形なのかは前著に示した。本文の趣意は、図のように、同じ色をした石の角の馴染みそうなものを選び集めて、恰も一枚岩であるかのように大きな姿に組み上げると言うこと。

これと似たような石の組み方は、時代は降るが、恵林寺を始めとする甲府方面の古庭園にも見られる。また、手法は異なるが、後楽園（岡山）や碧雲荘（京都）に組まれた巨大な景石は、細かく分割して現場へ運び、ジグソーパズルを解くように元通りに組み合わせたものだと言う。

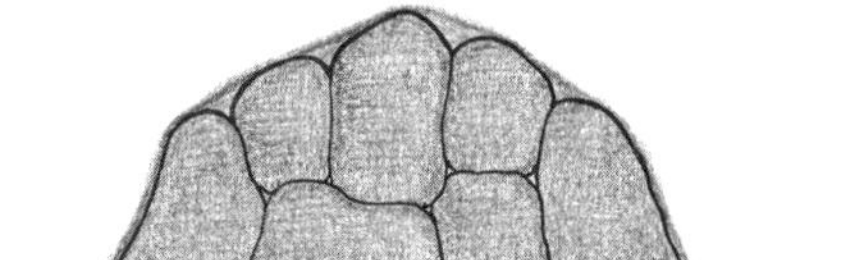

● 石を立てむには、先づ左右の脇石前石を寄せ立てむに思ひ合ひぬ可からむ石の才有るを立て置きて、具への石をば其の石の乞はむに従ひて立つる也。（465〜468行目）

前著にも示したが、「寄せ立てむ」とは、二つの石をくっ付けて組むことを、「思ひ合ふ」とは、二つの石の角が馴染むことを言う。後世の石組は、主石《しゅせき》を中心にして全体のバランスを取りながら空間的に石を配すものだが、『作庭記』の説く石組は、母石《おもいし》に添石をくっ付けて組むというものが基本だったようだ。この時代の石組は余り残されていないが、旧嵯峨院庭園の「庭湖石」は、正にこの組み方の見本と言えるだろう。（但し、平素は水没しているので、楽屋裏を覗き見ることは出来ない。）

● 又、石を立つるには、逃ぐる石有れば追ふ石有り、傾く石有れば支ふる石有り、踏まふる石有れば受くる石有り、仰げる石有れば俯ける石有り、立てる石有れば臥せる石有りと言へり。（488〜492行目）

ここに名称のある多くの石は、実際に存在する訳ではない。遺跡からも出土していないし、絵巻物にも描かれていない。また、仮にそのような可笑しな石があれば、霊石《りょうせき》と見做されて捨てられていただろう。これまでに京都市内で発掘された平安時代の庭石は、みな平凡な形をしたものばかりだと言う。

7 其の禁忌と言ふは、一、元立てる石を臥せ、元臥せる石を立つる也。斯くの如く為つれば、其の石必ず霊石と成りて祟りを為す可し。（507〜510行目）

「霊《れい》」には優れたという正の意があり、漢和辞典に挙げられている「霊雨・霊禽・霊光・霊水・霊泉・霊草・霊島・霊湯・霊峰・霊木・霊夢・霊薬」などの用例も、皆この意で用いられている。しかし、本文の「霊石」は、祟るという負の意で用いられているので、「リョウセキ」と呉音で読まなければ間違いになる。

● 一、三尊仏の立石を正しく寝殿に向かふ可からず。少しき余の方へ向かふ可し。是を犯しつれば不吉也。

（523～525行目）

アニミズム全盛のこの時代、三尊仏の立石は強い霊力を持つと信じられていた（514～518・621～625行目参照）。その立石を寝殿の真正面へ向けると、緊張が増してそこの住人に心理的な圧迫感を与えるので、それを緩和するために少し筋違える。但し、筋違え過ぎると、霊力が削がれて守護石としての役目が果たせなくなる。……という訳で、この筋違える理由も、左右相称を嫌う日本固有のデザイン理念によるものではない。

● 一、雨滴りの当たる所に石を立つ可からず、其の迸り掛かれる人に悪瘡出づ可し。檜皮の滴りの石に当たれる所にて毒を成す故也。或人の言ふ、檜山の杣人は多く足にこ□言ふ病有りとか。（550～554行目）

平仮名は、漢字の草書体を簡素にしたもので、その字源となる漢字は、現在は一種に統一されているが、昔は何種類もあった。「そ」も、その例外ではなく、一般的な「曽」の他に、「所」も字源としてよく用いられていた。従って、これを「所《そ》」と読むか「所《ところ》」と読むかは、文脈によって判断する他はない。

このおよそ二字分の虫損の二番目の文字は、文派から「と」と補える。とすれば、ここには「こ□」という二文字の病名が入ることになる。平安時代に見られる足の病気ということから、これを「こひ」と補った出版物があるが、これは正解ではない。「尰《こい》」は、「おめあし」とも呼ばれる脛の腫れる病気のことで、現在の「脚気」に類するものだという。この脚気というのは、御承知の通り、ビタミンの欠乏によって起こる栄養欠陥症のことで、食生活の偏りがちな当時の庶民の間において、この種の病気は決して珍しいものではなかったようだ。

ところが本文には、これは、檜が原因で起こる檜山の杣人に特有の職業病だと書かれていて、この尰説は、これ等の要件を一つも満たしていない。また、この虫損の最初の文字が漢字である可能性も残されており、その場合、この病名は三、四音になることも考えられる。依って、この説は否定され、その病名は、今のところ分からない。

● 一、荒磯の様は面白けれども所荒れて久しからず。学ぶ可からざる也。(574行目)

この条文は承服できない。荒磯は、石を組む諸形式の代表的なもので、その造り方も詳しく述べられているが、これが模倣できないのであれば、ここに掲載しておく意味がない。また、これが模倣できないとすれば、池を海に擬える数少ない手段の一つを失ってしまうことになる。

この条も、善悪を論ぜず記し置いた部類に属するものと見るべきであり、その意図は、「荒磯」という言葉から何か人事的なことを連想させようとしたもので、その背景には、主を失い荒廃した島宮の園池を詠んだ次の古歌などが隠されているのではないだろうか。

「御立たしの島の荒磯を今見れば　生ひざりし草生ひにけるかも」(『万葉集』)

●一、島を置く事は、山島を置きて海の果てを見せざる様に為可き也。山の干切れたる隙より僅かに海を見す可き也。（575～577行目）

この条文の趣旨は前著に図解しておいたので分かると思うが、島を置いて海の果てを隠し、小暗くして見る人の感興を誘うこの手法は、前に滝の造り方の所（269～283行目）で述べられていたものと同一の理念によるものだ。

●一、宋人の言ふ、山若しは川岸の石の崩れ落ちて片岨にも谷底にも有るは、元より崩れ落ちて、元の頭も根に成り元の根も頭に成り、又峙てるも有り仰け臥せるも有れども、扨、年を経て色も変はり苔も生ひぬるは人の仕業に非ず己が自ら為たる事なれば、其の定めに、立ても臥せも為むも全く憚り有る可からず。云々（589～597行目）

立てた石も臥せた石も、年月が経てば自然に帰って何れは崖下の石や谷底の石と同じになるので、庭石を立てようが臥せようが、そんな些細なことに拘る必要はないと、進取の気質に富む宋人《そうひと》の言に仮託して誰かが言ったようだ。これを卓見と言うべきかどうかは別として、庭石を実際に組んだ経験のある者でないと、こういう事には関心を示さない。……この条は宋人の言ではない。

●或人の曰く、人の立てたる石は生得の山水には勝る可からず。但し、多くの国々を見侍りしに、所一つにあはれ面白き物かなと覚ゆる事有れど、軈て其の辺に正体も無き事其の数有りき。人の立つるには、彼の面白き所々許を此処彼処に学び立てて、傍らに其の事と無き石を取り置く事は無き也。(632〜639行目)

この条は、後の時代に興る残山剰水の作庭法を説いたものではない。これは、写真で言えばトリミングに当たる技法について述べているのだ。

本文の「軈《やが》て」は、「すぐに、直ちに」の意で、分かり易く言えば、間に何かを挟まないということ。即ち、自然の風景を見た時、面白いなあと思われる石の風景の中に、よく見ると取り乱れた石が一緒にくっ付いていることもあるので、そういう場合は、その石の風景全体をそっくりそのまま模倣するのではなく、面白いと思う所だけを写し取って、それにくっ付いている取るに足りない石までも一緒に残しておく必要はないという意味。つまり、こうすれば、人の立てた石も生得の山水に勝ることが出来る、というのが本条の趣旨で、この条は、自然(即ち神)への挑戦状とも言える。一般に、『作庭記』の説く庭づくりは自然従順の精神を基調とすると考えられているが、本条の記述は、この学説を根底から覆している。

8 人の居所の四方に木を植ゑて四神具足の地と成す可き事　経に言ふ、家より東に流水有るを青竜と為。若し其の流水無くは柳九本を植ゑて青竜の代と為。(中略)北に丘有るを玄武と為。若し其の丘無くは槍三本を植ゑて玄武の代と為。(661〜671行目)

この槍《うつぎ》説は筆者の提起したもので、これについては識者からの批判を仰ぎたい。ところで、これを「楡《にれ》」と読ませている出版物が数多くあるが、これは誤りと言うべきだろう。その論拠は次のようなものだ。即ち、この用字は、従来は「桧《ひのき》」と解読されてきたが、この文字は漢和辞典に記載がなく、また檜が中国に自生しないことから、これは「檜」である筈がない。そこで、他の写本を見ると、『群書類従本』『山水抄』には何れも「桧」と書かれている。しかし、『作庭記』に影響のある『地理心書』には「南種梅棗」とあって、陽樹の棗（桧）を北に植えろとは書かれていない。そのかわりに、同書には「屋後に楡を植えると百鬼を避ける」と書かれていて、この用字を「楡」と読むことが出来れば北には好都合な木だ、というのがその詳細だ。

　これに反駁すると、先ず、陽樹・陰樹という概念は比較的新しいもので、樹芸の未熟なこの時代にあったとは思えない。仮にそれがあったとしても、この概念は東と西には当て嵌まらない。次に、『地理心書』や『山林経済』には「西種梔楡」とあって、楡は北ではなく西に植えろと書かれている。また、前書に「屋後」とあるのは、家の裏側（ここの方位は中央であって北ではない）に植えて鬼の侵入を防ぐ魔除けの木のことであり、四神相応の木とは何の関係もない。更に、『作庭記』には「三本」植えろと書かれているが、それには全く触れられていない。

　以上のように、この楡説を正当化する論拠はどこにも見出だせず、これは、根も葉もない付会の説と言わざるを得ない。そもそも、この用字を「楡」と読ませようとすること自体に始めから無理があるのだ。因みに、四神相応の木を植える本数に関しては、五行の各方位には「中央5、北6、南7、東8、西9」の数字が配当されると『呂氏春秋』に書かれているそうだ。

なお、本条の四神相応の樹に関しては、貴族の住居のある平安京はもう概に四神相応の地と見做されているので、その家が京内に在りさえすれば、これは無用と言うことになる。何故なら、四神相応とは、そんな融通の利かない入れ子式の複雑な理論ではない筈だからだ。従って、ここに述べられている説も、中国の古い文献をそのまま引用しただけであって、これを単に知識として留めておくのなら害はないが、現実には、これは有用性のない空疎な理論に過ぎないと言える。実際、柳や桂の木を狭い庭の中に九本も植えれば、それは却って風致を損ねたものとなるだろう。この条は、伝統的な日本庭園の植栽法とは認められない。

●門前に柳を植うる事由緒侍るか。但し、門柳は然る可き人若しは時の権門に植う可きとか。是を制止為る事は無けれども、非人の家に門柳を植うる事は見苦しき事とぞ承り侍りし。(704〜708行目)

非人の家に「門柳《かどやなぎ》」を植えてはいけない理由を、中国の古い文献を論拠に「昔中国では、身分のある人は柳の棺車で葬られるのを好んだからだ」とする出版物がある。しかし、それは嘘と言うべきだろう。

遠い昔の話なので臆測に頼らざるを得ないが、その当時、非人の家に門柳は植えられていたのだろうか。……私は、それは無かったと思う。あれば、その話が何処かに残っている筈だからだ。では、なぜ非人は門前に柳を植えようとはしなかったのだろうか。……それは、彼らがそうしてはいけない理由を知っていたからに違いない。では、その理由だとする中国の古い文献を非人達は皆知っていたのだろうか。……そんな筈はない。だとすれば、その理由は、非人にも理解のできる分かり易いものでなければならない。

その答えは前著に示したが、改めて細説すると次の通りだ。即ち、たとえ非人であろうとも、自分の土地の中でさえあれば、何の木を何処に植えようと誰に憚かることはない。しかし、罷り間違って一歩でも門の外へ出てしまうと、そこは他人の土地なので、そんな所へ権門を装って柳を植えれば、当然人の顰蹙を買うことになる。非人も馬鹿ではない。その位のことは重々承知していた筈だ。だから、非人の家に門柳は植えられていなかったのだ。

9 作泉に為て井の水を汲み入れむには、井の際に大きなる槽を台の上に高く据ゑて、其の下より前の如く箱樋を伏せて、槽の尻より樋の上迄は竹の筒を立て通して水を汲み入るれば、押されて泉の筒より水余り出でて涼しく見ゆる也。(746～752行目)

「泉」と「作泉《つくりいずみ》」を混同してはいけない。泉とは湧泉のことで、邸内に湧水がある時は、そこに大井筒を建ててその水を利用し、湧水がない時は、何処かに大井筒を建てておいて、そこに井戸水などを汲み入れてその水を利用する。この前者が、ここで言う「泉」で、後者が「作泉」のことだ。つまり、

「泉」とは、常に水が湧き出ていて何時でも使用できる本物の泉のことで、「作泉」とは、その時々に井戸の水などを汲み入れないと使用できない贋物の泉のことと言える。幼少の頃、真夏の暑い日に、庭前に盥を持ち出しバケツの水を運び入れて水遊びをした覚えがあるが、これのルーツが平安時代の「作泉」だ。

「底」は最深部の意を、「尻」は末端部の意を表す。依って、「槽の底」と言えば略図のAの位置を指し、「槽の尻」と言えば略図のBの位置を指す。従って、槽は、前者の場合は水平に置き、後者の場合は尻の方へ僅かに傾けることになる。蹲踞の水鉢のように。こういった意味の相違を正確に把握しておかないと、誤った造形を引き出すことになる。

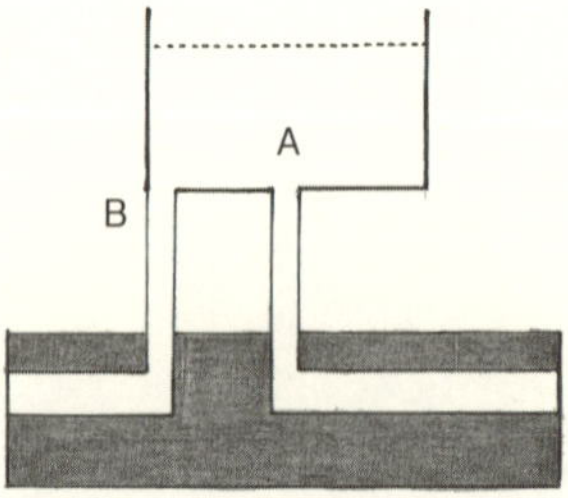

● **当時居所より高き地に掘り井有らば、其の井の深さ掘り通して、底の水際より樋を伏せ出だしつれば、樋より流れ出づる水絶ゆる事無し。**（783～786行目）

これは、水源となる井戸の底の水際から泉にしたい所まで、暗渠の導水路（トンネル）を掘り通して冷水を引き出すという泉の給水法で、これの大規模なものが、イラン高原に起源のあるイスラム圏のカナートに相当する。

10 唐人が家に必ず楼閣有り。高楼は然る事にて、打ち任せては軒短きを楼と名付け、簷長きを閣と名付く。楼は月を見むが為、閣は涼しからしめむが為也。簷長き屋は夏涼しく冬暖かなる故也。（788〜793行目）

「軒《のき》」と「簷《のき》」に意味上の相違はない。古文にはこういった同訓異字の混用が時々見られる。重複を避ける為か、教養を誇示する為か、箔を付ける為か、或いは単なる遊び心なのかは分からないが、これに惑わされる必要はない。

本文の趣意は、楼も閣も共に高楼なので、その高低で両者の識別はできない。そこで、一般には軒の長短によって区別されているが、軒の長い家・短い家にはそれぞれの長所がある。しかし、夏蒸し暑く冬底冷えのする京洛では、家屋の軒はやはり長くすべきだということで、その当時、軒を短くしようとする風潮でもあって、それを風刺した一文とも取れる。何れにしても、これが、庭づくりとは何の関係もない蛇足の条文であることに変わりはない。

※ 研究の基礎として使用した主な言葉典

『全訳古語例解辞典』『古語大辞典』『日本国語大辞典』小学館

『大漢語林』『広漢和辞典』大修館書店

四　現存する平安時代の古庭園

■旧嵯峨院庭園（平安時代前期）

嵯峨院は、嵯峨天皇が親王の時に山荘として造営を開始し、即位後は離宮として整備されたと言われる。正確な創建年代は分かっていないが、文献上の初出が弘仁五年（八一四）なので、園池もその頃には造られていたと見られている。

巨勢金岡が立てたと伝わる「庭湖石」は、王朝の雅を偲ばせる二石組の佳品で、池の底から立ち上げた母《おも》石《いし》に、具えの石が一つ水準《みずばかり》を使って丁寧に組まれている。この石組は平安時代の遺構面上にあるというので、これは、「昔の上手の立て置きたる有様」の適例ということになるが、『作庭記』の時代には、こういったものが石を組む時の手本にされていたようだ。

百済河成が立てたと伝わる「名古曽の滝」は、石が悉く持ち去られて荒廃したため、今は只の廃墟でしかない。山畔に、その時の難を逃れた大きな庭石が三つ残されている（口絵）。これを、斯界では「品文字式の三尊石組」などと呼んでいるが、これはそのような石組ではない。

疑惑の核心に触れるのは中央の石だが、これが母石であれば、根が深く入っていなければならない。しかし、この石は根が全く入っておらず、入れた形跡すらもない。仮に入れたとすれば、その半分は土に埋まって、主石《しゅせき》としての資格を失うだろう。またこの石は、その形状から逆石の可能性がある。山形の石が前のめりに倒れているように見えるからだ。それを確かめることは出来ないが、何れにしても、こんないい加減な石の組み方は何時の時代にもない。

また、この石組では右脇に大きな石が使われているが、母石よりも脇石の方が大きい三尊石組などというものも、この時代にはない。これが石組であるとすれば、母石はこちらの大きな見所のある石の方であり、これを中心に石が組まれていなければならない。しかし、現状は決してそうなっているとは言えない。従って、中央の石を母石と認めることは出来ず、これを三尊石組と認めることも出来ない。仮にこれを平安人が優れた石組と認めたのであれば、こんな所に捨て置かれている筈はなく、すっかり閑院へ運ばれて、そこに復元されていただろう。

なお、近年これを滝石組であるかのように装って可笑しな所から水を落としているが、これは極めて不適切な措置であり、関係者の良識が疑われる。

■法金剛院庭園（平安時代後期）

法金剛院は、清原夏野の山荘を施入した双丘寺（後に天安寺と改称）の跡地に、待賢門院璋子の御願により造営された寺院で、大治五年（一一三〇）に落慶供養が行われているので、庭園もその頃には出来ていたと見られている。当時の池泉は瓢形をした大きなものだったと言うが、今はその一部が残るだけで、当時を偲ばせるものは何も見当たらない。

その園池を離れた五位山の麓に現存する「青女の滝」（口絵）は、伊勢房林賢が七尺の高さに組み、後に、徳大寺静意がその上に五、六尺の石を二つ組み足したと伝わる。林賢が最初に組んだ滝は、本人の詠んだ歌（「衣もて撫づれど尽きぬ石の上に万代《よろずよ》を経よ滝の白糸」）に文飾がなければ「糸落」ということになるが、下段に組まれた二つの石は、どちらも水落石には見えず、また、このような石で糸を繰り掛けたように水を落とすことも出来ない。滝を造る時まず最初にすることは水落石（ここでは上段の石）を選ぶことであり、下段の組石は、それと角の合いそうなものを後で探すことになるので、この二石は林賢の組んだものとは考えられない。

また、この滝には右の脇石が組まれていないが、水落石の右側の突出部を左の脇石と呼応させて、遠くからは恰も右の脇石であるかのように見えさせるというトリックを使い、更に、その突出部を下段の石と関連づけるというように、この滝は全体が有機的に構成されていると言うことが出来る。従って、この滝石組は、すべて後に改造された時のものと思われる。

なお、この滝は、水落石が重ねて組まれているので「重落」と言えないこともないが、これは、洛外の丘陵部に造られた規格外れの作例であり、そう呼ぶことには抵抗を感じる。

■ 毛越寺庭園（平安時代後期）

毛越寺は、寺伝によると、慈覚大師（円仁）が巡錫の途次この地に一宇を建立したことに始まると言う。

一般には、その創建は奥州藤原氏初代・清衡の代で、焼失後、基衡が財を尽くして再建《さいこん》し、秀衡の代に寺観が整ったと考えられている。盛時は堂塔四十余・僧房五百余の大寺院だったと言うが、悉く灰燼に帰して、今は礎石と庭園だけが残されている。

園池は、円隆寺と呼ばれた寺の金堂を荘厳《しょうごん》する為のもので、その西寄りに中島が一つ設けられている。この島には橋が架けられていたようで、その南と北に橋台石が据えられている。橋引石は、それぞれ種類の異なる石が使われていて、南側のものは美しく組まれているが、北側のものは無雑作に置かれているようにしか見えない。この島は、全面が白洲で東へ先細りに流れる形状から、「雲形」と言えるかも知れない。

南大門跡を挟んだ東西の池畔に出島と築山がある。西の築山は、岩山のように石が数多く組まれているが、その北側と東側とでは趣が少し異なっている。北側の石組は、大きな石が幾つも岸壁のように切り立てて組み上げられている。これは、池を海に擬えるために必ず組まねばならぬとされる「波返の石」ではないかと思われる。このような広大な池泉には有って然るべき意匠であり、また、このような大掛かりな舞台装置でないと、見る人にそこが海だと錯覚を起こさせることは出来ない。この水際には、現在花崗岩の飛石のようなものが打たれているが、他のものとは石質が全く異なるので、これは後補ではないかと思われる。ここを、京から平泉へ下る時必ず通る北陸道《ほくろくどう》の難所「親不知」に見立てて、沢渡り風に石を配したのではないかと勝手な想像をしているが、思わず歩いてみたくなるような秀逸な意匠だと思う。東側の石組も、海を学んだものと思われるが、石の大きさや組み方に違いが見られる。しかし、荒廃があるためか、全体的に纏まり感がなく、何を表現したものなのかはよく分からない。

なお、この山畔部あたりの石組（口絵）を斯界では「枯山水」と呼んでいるが、これは、甚だしい見当違いと言わざるを得ない。前著その他に論駁があるので多言はしないが、「池も遣水も無い」と言うのは、「池や遣水と直接関係がない」等という捻ねくれた子供騙しの意味ではなく、ただ単に「池や遣水が存在しない」というだけの意味だ。ところが、これ等の石組の目の前には、盲人でさえも気付く程の大きな池が厳然と存在している。こんなものを「枯山水」と言う筈がない。惟うに、この妄説は、寝殿造りの庭には必ず池があるという、誤った前提から引き出されたようだ。

東の出島の辺りは荒廃していて原形を留めていないが、ここは、「荒磯」を造るのに絶好のロケーションと言える。前著の付図を参考にすれば、頭の中で、ここに荒磯の風景を再現することが出来るだろう。但し、池の中にある島のようなものは当初の造形とは思えない。島と言うには小さ過ぎるし、護岸の石が水際の線と一致していない。また、ここに組まれている立石は二・五メートルもあるが、このような高い石は「滝の左右・島の崎・山の辺」の他はめったに組まないとされる。これも、前著に図版を載せておいたので分かると思うが、この立石は、大姿の傾いた頭《かしら》歪める石の好例で、正に『作庭記』流の石組の見本と言えるが、その「麗しき頭」を出島の方へ見せしめている。つまり、この石は出島の方から見るように意図されていることになる。しかし、作庭当初ここに回遊路は通されていなかったと言う。だとすれば、この島のようなものは、やはり、後に改造されたものと考えるべきだろう。

この荒磯の向こうに遠く見渡せる優美な曲線が「洲崎」（舌状の出島）と「白浜」で、硬軟の造形を対比させて相乗効果を出すために「大海の様」では必ず造られる。これを、斯界では「干潟」と呼び習わしているが、これも、甚だしい見当違いと言わざるを得ない。『作庭記』に言う「干潟の様」とは、飽くまでも島の一形式であり、池畔などに意匠されるものでもなければ、干潟の景を庭に写そうとしたものでもない。また、本文に「自ら石少々見ゆ可き也」とあるように、この形式の特徴は普通とは異なる石の組み方にあるが、ここには、小石一つすら組まれていない。これが「干潟」である筈がない。

そもそも、あまり行動的でない平安貴族が干潟を見たとは思えないし、仮に見たとしても、何の変哲もない泥んこのぬかるみに興味を示したとも思えない。むしろ、見たことがないからこそ、「干潟」という言葉の持つ響きや面白さから何か風情を廻らそうとしたもので、「島の姿」の項目に挙げられているこれ以外の形式の島々も、みな、自然の風景の写生などではなく、平安貴族が自由に風情を廻らした観念上の産物と言うことが出来る。また、この干潟について、「水位の昇降の状況に応じてそのゆったりした姿を現すのを眺めることができる」と解説した出版物があるが、池の水位は「池尻の水落ちの横石」によって常に一定に保たれており、不時の渇水はあっても、池の水位が訳もなく上下するような事はない。仮に、そんなことを許せば、池の石を組む時、何のために水準を使って注意深く根入れをするのか意味が分からない。

池の水際は、三方が小石によって美しく修景されていて、その北側の中程に、もう一つ注目すべき石組（口絵）が残されている。鐘楼の雨水を池に流し入れる為のものだというが、用と景とを兼ね備えた他では見られない珍しい石組だと思う。ご承知の通り、『作庭記』の説く石組は、原則として母石の乞わんに従うというものだが、この石組には、そういうマニュアルに囚われない洒脱な味わいがあり、施工を担当した工人の腕の冴えが感じられる。石を組むことが、もうこの頃には芸術の域にまで到達していたと言えるだろう。

近年発掘整備された遣水については、『作庭記』の記述と照合しながら見ていきたい。先ず水の流し方は、経書の説や四神相応を根拠に「東より南へ向かへて西へ流す」のが通例とされている。ここの水源は特定されていないが、塔山《どうやま》の麗にある池跡をそれと仮定すれば、北から出ていることになる。その為か、ここでは本文の記述に合わせて、一旦東へ迂回をさせてから南へ流している。しかし、水は高い方へ流れることはなく、また、排水の悪い家ほど住み難いものはないので、水を流す方角は、結局は「地形を見立て便りに従ふ」ということになり、特に拘る必要はないだろう。仮にこれと一致しない場合は、陰陽和合だとか仏法東漸だとかという気休めの言い訳が用意されている。

水の勾配は「一尺に三分」(百分の三)が理想とされている。ここの遣水は、中洲の手前が逆勾配になっていて、そこで谷川の水を調整しているので、この中洲のある辺りからがその主要部ということになる。途中に横石を二箇所設けて流れを三分し、次第に流速が増すように設計されている。中洲から「池へ入るる水落ち」までの距離は七五・〇メートルで、その高低差は〇・五六三メートルあるので、その平均勾配は「千分の七・五」ということになる。これは、平安京の土地の勾配とほぼ一致し、また、平城京の宮跡庭園も千分の五ぐらいの勾配で水を流しているというので、『作庭記』の「一尺に三分」は実際的な指標ではないような気がする。何か適正な道具を使って測定した正しい数値ではないのだろう。

石を組む所々は、⑴透廊の下より出でる所、⑵山端を廻る所、⑶池へ入るる所、⑷水の折れ返る所、とされている。⑴は、僧院に透廊はないので、ここでは対象外になる。⑵は、「廻石」のことと思われるが、山が設けられていないので、ここには組まれていない。⑶は、池へ水を落とし入れる所に、多くの石が一見派手に組まれている。⑷は、下流部の水が左へ曲がる所の右側に護岸の石が組まれている。これ等の所以外では、ただ寄り来る所々に組まれているが、中・下流部では、特に控え目な配石となっている。

遣水の役石は「底石・水切の石・つめ石・横石・水越の石」を組めと書かれている。これ等のうち、横石を除く他の石については、どういう石なのか本文に説明がないので、特定の仕様がない。横石は二箇所に組まれている。共に直面《ひたおもて》に水を落としているが、川上のものと川下のものとでは趣の異なる石を使って瀬落ちに変化をつけている（横石の前に「迎石」は組まれていない）。川上の横石の上手に見える景石は、流れの中央付近に組まれていて水を分けているので、「中石」と呼んで良いだろう。また、中流部の中程の広まりに石が二箇所組まれている。大小の石を寄せ集めて岩島のようにしたもので、上流側のものは、水を左右へ分け流し、下流側のものは、その流れを調整しているように見える。これ等の石組も、母石の乞わんに従うという『作庭記』のものとは異なる組み方がされていて、後の改造であることを匂わせている。

最後に、池の給水口に設けられた特異な小滝（口絵）について一言しておきたい。これは、『作庭記』に言う「離落」の滝だが、その水落石には二段状のものが使われている。そして、その落とし方は、垂直方向の重力によって得たエネルギーを水平方向の速度に変換して水を離れ落とすという巧妙な方法が採られている。これは『作庭記』にはない一歩進んだ技法で、これにより、水音を高く響かせることに成功している。

この滝は、落差が殆どなく、また池の方を向いているので、これを見る為には船に乗って近付くより他に方法はない。しかし、梵刹に造られた園池とあっては舟遊の機会も儘ならず、また誰しもが観賞できるという訳でもない。そこで設計者は、滝を後ろからも見えるようにしておいた方が良いと考えたのではないかと推測される。滝口の辺りに奔放に組まれた庭石がそのことを物語っているように思う。これ等の石は、明らかに後方からの観賞を意識して組まれている。

その趣意は次の通りだ。即ち、拝観者が近くを歩いていると池の方から水音が聞こえてくる。何げなくそちらへ目を遣ると、そこには、檜舞台で見得を張ったように石が派手に組まれている。そこで拝観者は、その向こうにはどんな滝が隠されているのかと興味をそそられるという筋書きだ。この虚仮おどしの仕掛けは、滝が観賞しにくいことを逆手に取った狡猾な方策だが、滝の面《おもて》を少しも見せないこの「うしろ姿の隠れ滝」は、日本庭園史上、空前絶後の卓抜な意匠と言えるのではないだろうか。

■観自在王院庭園（平安時代後期）

毛越寺の東隣に位置する観自在王院は、奥州藤原氏二代・基衡の室が願主となって十二世紀の半ば頃に創建されたと言われる。夫人の別荘地跡に造られた園池は、石組も少なく茫漠とした印象を受けるが、西岸の中程に一箇所だけ人目を引く石組（口絵）が残されている。小さな出島の辺りに大きな石が幾つも組まれていて、その傍らに水が落とされている。そのため、これは滝石組と思われているようだが、よく見ると、この造形はいかにも不自然だ。仮に、これが滝石組であるとすれば、母石である水落石を中心に石が組まれていなければならない。しかし、そうはなっておらず、極端に左に片寄って石が組まれている。また、水落石の左側に組まれている横長の石を脇石に見せかけているが、両者の間には大きな隙間が空いていて、それを埋めるため、そこには別の石が一つ無造作に嵌め込まれている。初めからこの横長の石を脇石にするつもりであるのなら、このような可笑しな造形になる筈がない。ということは、この石は、水落石を組む前から既にここにあったと言うことになる。従って、これは滝石組ではなく、別の石組の中に無理に滝を割り込ませたものと考えられる。

では、その別の石組とは何なのだろうか。この庭をよく見ると、ここには塔山や金鶏山のような背景となる山が近くに見当たらない。ならば、この庭のどこかには必ず山が築かれていた筈だ。現状の地形から類推して、それがこの辺りだと考えるのは決して無理ではないだろう。だとすれば、これは築山石組であり、ここに残されている大きな石々は、皆「山受の石」ということになる。

また、池への給水は、敷地内に引き入れた水を現在は南へ向かわせているが、これとは別に、もう一つ東へ向かわせる水路の跡が残されている。この両方を同時に使うことは不利益なので、当初は後者のルートが使われていて、後に、何らかの不都合が生じて現在のルートに変更されたのではないかと考えられる。その際に、山を削り水路を通して滝を造ったために、元の石組も改造されて現在のような姿になったのではないかと推考できる。これの正否はともかくとして、この仮説も、これまでのものと同様に、間接証拠を積み上げて導き出したものだが、そう思える程にこの造形が不自然なことは動かしがたい事実だ。

なお、ここにある石組を、多くの出版物は「荒磯風」としているが、これも甚だしい見当違いと言わざるを得ない。「荒磯」というのは、荒波の打ち寄せる岩だらけの海岸のことで、これは、水際の造形を意味する。ところが、ここの庭石は皆陸《おか》の上に組まれていて、肝心の水際には、小さな石が幾つか捨て置かれているだけに過ぎない。こんなものを「荒磯」と言う筈がない。

序でに、ここに組まれている水落石について一言しておきたい。この石の種類は、尼崎博正氏の詳しい調査によれば「輝緑岩」（ダイヤベース）と呼ばれる粗粒玄武岩だそうだが、その石の表面には水蝕によって出来たと思われる襞状の窪みが数条見られる。水は概ねこの襞に添って流れ落ちるので、これは「伝落」と言っても間違いではないだろう。しかし、この石は見るからに癖のある無骨な石であって、水がその表面を麗しく伝い落ちることは出来ない。この手の石は、『作庭記』の説く水落石の選定要件とは合わず、また、麗しきものを規範とするこの時代の好尚とも合わないので、この滝は、やはり後に改造されたものと考えるべきだろう。

現存する平安時代の古庭園は以上の他にも未だあるが、『作庭記』との関連でコメントすべきものは特にないので、ここにはこれ以上載録しない。

五　『作庭記』に使われている造園用語

◆**葦手の様**《あしでのよう》（101・145・158行目）

池庭の一形式。平安時代に流行した葦手絵を庭に写そうとしたもの。石は、野筋の末・池の水際などの所々に組み、木は、梅や柳などのしなやかなものを選んで植える。

◆**磯島**《いそじま》（170・185行目）

中島の一形式。護岸を磯浜風にした島のこと。石は、水際の所々に荒々しく組み渡し、木は、姿の良い松の老木をその間々に植える。

◆**糸落**《いとおち》（286・306行目）

庭滝の一形式。「伝落《つたいおち》」の一種で、麗しく糸を繰り掛けたように水を落とすものを言う。水落石には、落ち口に突き出た角の沢山あるものが選ばれる。

◆**桶据**《おけすえ》（486行目）

立石の形状の分類名称と思われるが、図が付されていないので詳細は分からない。

◆**母石**《おもいし》（114・452行目）

石組に関する用語。石を組む時、まず最初に組まれる景石のことで、今日の「主石《しゅせき》」に当たる。この石には、趣があって添石と角の馴染みそうなものが選ばれる。

◆重落《かさねおち》（286・309行目）

庭滝の一形式。滝の高さに従い、水落石を二・三重に組んで水を落とすものを言う。本文に「風流無く」とあるので、今日の「段落《だんおち》」とは異なるようだ。

◆霞形《かすみがた》（170・194行目）

中島の一形式。霞文様を象った島のことを言うと思われる。この形式では、石や木は使わず、島全体を白洲にするようだ。

◆片落《かたおち》（285・289行目）

庭滝の一形式。「伝落」の一種で、前石の頭に水を当てて、落ちる方向を変化させるものを言う。この前石は、その頭部で水を受け止められることが要件とされる。なお、この前石は、本文に「左の方に寄せ立てて」と書かれているが、これを右の方に寄せ立てることも出来、その場合、これ等は「右落の滝・左落の滝」と仮称することが出来るだろう。では、この前石を真ん中に置いたらどうなるだろうか。またその場合、この滝は何と呼ばれるべきだろうか。

◆片流の様《かたながれのよう》（170・207行目）

中島の一形式。流水文様を象った細長いＳ字状の島のことを言うと思われる。

◆冠形《かぶりがた》（486行目）

立石の形状の分類名称と思われるが、図が付されていないので詳細は分からない。

◆枯山水《からせんずい》（81・81行目）

寝殿造り庭園の一様式。池や遣水を造らず、その代わりに片山の岸や野筋などを造り出して、それに石を組み添えたもの。池泉庭園が主流の当時にあって、それに飽き足らない一部の数奇者のために用意された例外的な作庭法と言えるが、実例はほとんど知られていない。

（付言）寝殿造りの庭（山水）のつくり方には二つの様式がある。一つは、池や遣水のある有水式の山水で、もう一つは、それ等のない無水式の山水だ。この後者のことを、『作庭記』では「枯山水《からせんずい》」と呼んでいる。これは、主庭の分類法を意味するので、坪庭などの局部的なものはその対象には入らない。また、この様式は、あまり知られていなかったようなので、後世の「枯山水《かれさんすい》」へ与えた影響は殆ど無かったのではないかと思われる。

◆切重《きりがさね》（486行目）

立石の形状の分類名称と思われるが、図が付されていないので詳細は分からない。

◆雲形《くもがた》（170・191行目）

中島の一形式。棚引雲文様を象った島のことを言うようだ。この形式では、石や木は使わず、島全体を白洲にする。

◆左右落《さゆうおち》（286行目）

庭滝の一形式。但し、本文に記述がないので詳細は分からない（「片落」の項参照）。

◆**山河の様**《さんがのよう》（100・130行目）

遺水の一形式。山間《やまあい》を流れる川特有の風景を取り入れたもの。川の両岸に石を絶え間なく組み続け、あちらこちらに「伝石《つたいいし》」を置いて水の流れを妨げる。

◆**三尊仏の石**《さんぞんぶつのいし》（479・517行目）

石組に関する用語。母石と左右の脇石との三石による石の組み方のことで、「三尊仏の立石」（523・624行目）と言えば、その母石を指すと考えられる。

◆**洲浜形**《すはまがた》（170・199・200・203行目）

中島の一形式。通常の洲浜文様を象った島のことを言うが、見慣れたものなので、その形に少し変化をつけるようにする。また、この島は洲浜台を模したものなので、その設えとして、島の上には小松などを飾り付けておく。なお、池の水際に緩い勾配で小石を敷き詰めた護岸のことを、何時の頃からか「洲浜」と呼び習わしているが、それは、この「洲浜形」とは何の関係もない。

◆**前栽**《せんざい》（95・151・436行目）

庭に植え込む草木のことを言い、高木は含まれない。『作庭記』には、僅かに「桔梗・女郎花・吾亦紅・擬宝珠」の名前が挙げられている。

◆**底石**《そこいし》（409行目）

遺水の流れの中に組まれる役石と思われるが、本文に記述がないので詳細は分からない。

◆稜落《そばおち》（285・299行目）

庭滝の一形式。脇石の後方に組まれた一本の立石が、晴の方角から見た時に中心石の位置に来るようにする滝の造り方を言う。但し、水の落とし方については何の言及もない。

◆大海《たいかい》の様《よう》（100・102・157行目）

池庭の一形式。荒磯の風景を庭に写そうとしたもの。石は、水際と水の中に数多く組み渡し、木は、松などを好み植える。また、コントラストを出すため、遠くに洲崎や白浜が見渡せるようにする。なお、この形式では、荒磯の象徴として「離石《はなれいし》」が必ず組まれる。

◆大河《たいが》の様《よう》（100・111行目）

遣水の一形式。竜蛇の通った道のように緩く曲がりくねったものを言う。石は、先ず、水が最初に曲がる所から組み始め、その次々は、その水の行き着く先々を予測しながら組み続けていく。また、川幅が増して水の勢いの弱まる所には白洲を設ける。

◆谷川《たにがわ》の様《よう》（415行目）

遣水の一形式。二つの山の谷間から激しく水が流れ出ているものを言うようだ。この形式では、水落の石を左右交互に組み続けて、あちらこちらで水を白く見せるようにする。

◆机形《つくえがた》（486行目）

立石の形状の分類名称と思われるが、図が付されていないので詳細は分からない。

◆作泉《つくりいずみ》（723・746・766行目）

必要な時にだけ、井戸の水などを汲み入れて使用できるようにした、言わば贋物の泉のこと。

◆伝石《つたいいし》（131行目）

山河形式の遣水に使われる役石。上流から運ばれてきた「岩屑《がんせつ》」を造形化したもので、「飛石」のことを言うのではない。

◆伝落《つたいおち》（255・257・285・294行目）

庭滝の一形式。水の落とし方を二大別した言い方で、水が石の表面を離れずに滑り落ちるものを言う。落ち口の角の少し欠けた水落石を少し後ろへ傾けると、水が自然に伝い落ちる。

◆詰石《つめいし》（54・79行目）

石組に関する用語。組んだ石を固定するため、石の根元に突き入れる小石や端石のこと。

◆つめ石（409行目）

遣水の流れの中に組まれる役石と思われるが、本文に記述がないので詳細は分からない。

◆中石《なかいし》（127・128・244・249・420・421行目）

遣水に使われる役石の名称。川の中の特に中央付近に組まれるものを言うようだ。

◆波返の石《なみがえし》（168行目）

池を海に擬えるため、必ず組まねばならぬとされる常滑《とこなめ》の石のこと。一石で組むことは不可能なので、同じ色をした石を選び集めて、大きな姿に組み上げるようにする。

◆**布落**《ぬのおち》（285・302行目）

庭滝の一形式。「伝落」の一種で、布を晒し掛けたように水を落とすものを言う。水落石には表面の滑らかなものを使い、淀めた水を緩やかに流れ下らせると、そのように見えて落ちる。

◆**沼池の様**《ぬまいけのよう》（101・137行目）

池庭の一形式。庭の池を自然の沼や池に擬えたもの。石はほとんど組まず、島なども造らず、あちらこちらの入江に水草を繁らせて、水面を果てしなく見せるようにする。

◆**根石**《ねいし》（54行目）

石組に関する用語。「離石」の条（75〜79行目）にある、三つ鼎に掘り沈める石のことを言うようだ。今日の「根石」とは意味が異なる。

◆**野島**《のじま》（170・176行目）

中島の一形式。野筋を主体とする島のこと。所々に背中の出た石を組み、秋の草を植え添えて、苔などを伏せる。

◆**野筋**《のすじ》（42・82・145・158・176・430・432・436・473行目）

寝殿造り庭園に固有の造形で、平安貴族には自明のものと思われるが、具体的な記述がないので、その実体は分からない。……しかし、これ迄の考察から、これは、畑の畝《うね》のような地面の細長く盛り上がったものを言うのではないかと思われる。（但し、必ずしも直線状とは限らない。）そのようなものであれば、狭い島の中に、これを引き違い引き違いに伸ばして行くことも可能だろう。

◆**離石**《はなれいし》（75・106行目）

荒磯の風景を造る時、水際から遠く離れた池の中に組まれる役石のこと。

◆**離落**《はなれおち》（252・285・296行目）

庭滝の一形式。水の落とし方を二大別した言い方で、水が石の表面を伝わらずに飛び落ちるものを言う。横角の鋭い水落石を少し前へ傾けると、水が自然に離れ落ちる。

◆**干潟**《ひがた》**の様**《よう》（171・209行目）

中島の一形式。潮が引いた跡のように、半ばは現れ半ばは浸ったような島のことを言う。石は、その半ば浸った所に、潮が引いた為にいつの間にか少し見えてきたという風情で組む。木は植えてはいけない。

◆**品文字**《ほんもんじ》**の石**（149・479行目）

石組に関する用語。母石と左右の前石との三石による石の組み方を言う。

◆**前石**《まえいし》（320・455・465・495・496・618行目）

石組に関する用語。石を組む時、母石の左右の前方に、その石の乞わんに従って組まれる二つの石のことを言う。

◆**前石**《まえいし》（259・290行目）

滝を造る時、落水を変化させるため、水落石の前に寄せて組まれる役石のことを言う。但し、必ずしも一石とは限らない。

◆松皮《まつかわ》の様《よう》（171・213行目）

中島の一形式。松皮摺（不詳）のように、複雑に入り組んだ形をした島のことを言う。その島のどこかに、切り離れていそうに見える所があるようにする。石や木は、使っても使わなくても良い。

◆水落《みずおち》の石（218・219・229・253・272・281・291・416行目）

滝を造る時、まず最初に組まれる役石のことで、この上から水が落とされる。水の落下が円滑で、表面に少し変化があり、左右の脇石と角の馴染みそうなものが選ばれる。『作庭記』の説く滝石組は、原則として、これと左右の脇石との三石によって構成される。

◆水切《みずきり》の石（409行目）

遣水の流れの中に組まれる役石と思われるが、本文に記述がないので詳細は分からない。

◆水越《みずこし》の石（410行目）

遣水の流れの中に組まれる役石と思われるが、本文に記述がないので詳細は分からない。

◆向落《むかいおち》（285・287行目）

庭滝の一形式。二つの滝を向かい合わせて、同じように水を落とすものを言うようだ。但し、その水の落とし方については何の言及もない。

◆**迎石**《むかえいし》（440行目）

遣水に使われる役石の名称。横石から水が速く落ちる所に、その水を受けるために待ち構えさせておく石のことで、今日の「水受石」に当たる。

◆**廻石**《めぐりいし》（402行目）

遣水に使われる役石の名称。遣水が山の崎を廻って流れるその内側に組まれる石のことを言うと思われるが、存否の確証は得られていない。

◆**杜島**《もりしま》（170・181行目）

中島の一形式。平地に木を疎らに植えた島のこと。その木々の根元には目に立たない石を少々組んで、隙間隙間には芝を伏せる。

◆**山受の石**《やまうけ》（481行目）

山の急斜面に土留めを兼ねて組まれる石のこと。

◆**山島**《やましま》（170・172・575行目）

中島の一形式。池の中にぽっかりと浮かぶ、山の形をした島のこと。石は、山際と水際に組み、木は、常緑樹を密に植える。

◆**遣水**《やりみず》（63・80・134・135・241・251・328・338・341・384・388・392・397・409・415・425・430・433・436・439・442行目）

寝殿造りの邸内に造られる曲折した流れのこと。東の方角から流し始め、舎屋の下を通して南西へ流し出すのが最吉とされる。その勾配は百分の三が理想で、その広さは二尺～五尺（六〇～一五〇センチメートル）が一般的だったようだ。この遣水には、役石として「底石・水切の石・つめ石・横石・水越の石」を組むとされるが、横石以外の実体はよく分かっていない。

◆横石《よこいし》（66・409・412・420・422・439行目）

水を堰き止めて、その上から水をオーバーフローさせる横使いの石のこと。

◆横落《よこおち》（286行目）

庭滝の一形式。但し、本文に記述がないので詳細は分からない。

◆脇石《わきいし》（465・617行目）

石組に関する用語。石を組む時、母石の左右の両脇に、その石の乞わんに従って組まれる二つの石のことを言う。

◆脇石《わきいし》（224・225・228・229・235・236・245行目）

滝を造る時、水落石を固定するため、その左右の両脇に組まれる一対の石のことで、今日の「滝添石」に当たる。

（了）

（番外）前著『秘伝書を読む「作庭記」』の補正

第二部の考察により、『作庭記』に原本の存在しないことが明らかとなった。それを見越して、前著ではそれに替わるものとして『作庭記』の「定本」とその「現代語訳」とを用意しておいた。しかしながら、これには、校正や推敲の至らなかった所もあったので、それを修正して完成度を高めておきたい。

●「定本」（第4ページの5行目）其の所に→其の所々に（6の13）その上→其の上（8の3）山管→山菅（11の12）出ずる→出づる（14の2）一に云ふ。→一に云ふ、（15の15）迎かへて→迎へて（16の6）その首に→其の首に（17の3）その石の→其の石の（19の2）憚る可し、→憚る可し。（19の10）滴→滴り（21の9）住めば、→住すれば、（24の6）例→例し（24の16）濡らさぬ→漏らさぬ（以上）

●「現代語訳」（26の6）その所に→その所々に（30の13）なっているようです。→するようです。（36の3・41の8）流れ出している→流れ出ている（36の15）操りかけた→繰りかけた（48の8）小暗い所→木暗い所（50の6）すぐその付近には取り止めのないものがある→そのすぐ付近は取り止めがない（50の14）庭造りをしている→事を行っている（以上）

●『谷村家本』（10行目）ところ→ところ〳〵（36）待る→侍る（281）あてつれは→たてつれは（608）常に→常（746）くみくれむ→くみいれむ（以上）

なお、序でになるが、163ページの12行目の「建具」は「金具」の誤りで、201の10の「棯」のルビは「じん・にん」の誤りだった。ここに訂正しておく。

あとがき

『作庭記』の研究は明治以来数多く為されてきたが、未だにその全容の解明には至っていない。その一因は、この古代へ遡る秘隠の書を余りにも神聖視し過ぎて、空想的解釈に陥る傾向が強かったからなのではないかと思う。

この反省から、前著を上梓するに当たり、私は研究ノートを十四回も取り直して、何が真実なのかを只ひたすら追求しようと心懸けた。その基礎をなすものは古文献の文法的解釈だが、独自の方法として、平安時代の国語を未知の外国語と見做し、「古谷メソッド」という昔の英語の学習法を応用して、古文を分析的に解読するという方法を採用した。また、それと同時に、『作庭記』と関連のありそうな凡ゆる分野の資料を出来るだけ多く蒐集して、学際的な研究をするようにも心懸けた。

そのお蔭で、この秘伝書の全容をほぼ完全に解明することが出来、多くの知見を得ることが出来たと考えている。（但し、それは、決して一朝一夕に為せるほど簡単な事ではなかった。）また、これを契機として、『作庭記』の研究が、空想（虚）の時代から科学（実）の時代へ変わるべきだとも考えている。

同書に関しては、未解決の命題も未だあって研究の余地は残されているが、好事家の為し得る範囲のことは総てやり尽くした感があるので、この辺で免許皆伝と言うことにして、興趣の尽きないこの秘伝書の研究に終止符を打つことにする。

二〇一八年五月

波多野　寛

著者　波多野　寛（はたの　ひろし）
1949年、東京生まれ。1971年、日本大学文理学部英文学科卒。日本庭園協会所属。埼玉県川越市在住。

校合《きょうごう》による「作庭記《さくていき》」の研究《けんきゅう》
古文書《こもんじょ》のウソを暴《あば》く　　NDC629

2019年1月17日　発　行

著　者　波多野寛《はたのひろし》
発行者　小川雄一
発行所　株式会社 誠文堂新光社
〒113-0033 東京都文京区本郷3-3-11
（編集）電話03-5800-5779
（販売）電話03-5800-5780
http://www.seibundo-shinkosha.net/

印刷所　星野精版印刷 株式会社
製本所　和光堂 株式会社

ISBN978-4-416-61867-7